中华科技传奇丛书

从嫦娥奔月到"天宫一号"

邹春梅　编著

上海科学普及出版社

图书在版编目(CIP)数据

从嫦娥奔月到"天宫一号"/邹春梅编著.——上海：上海科学普及出版社，2014.3
(中华科技传奇丛书)
ISBN 978-7-5427-6048-7

Ⅰ.①从… Ⅱ.①邹… Ⅲ.①航天－技术史－中国－普及读物 Ⅳ.①V4-092

中国版本图书馆CIP数据核字(2013)第306651号

责任编辑：胡 伟

中华科技传奇丛书
从嫦娥奔月到"天宫一号"
邹春梅 编著
上海科学普及出版社出版发行
(上海中山北路832号 邮政编码200070)
http://www.pspsh.com
各地新华书店经销 三河市华业印装厂印刷
开本787×1092 1/16 印张11.5 字数181 400
2014年3月第一版 2014年3月第一次印刷
ISBN 978-7-5427-6048-7 定价：22.00元

前言

人类的活动领域，经历了从陆地到海洋，从海洋到大气层，从大气层到宇宙空间的扩展过程。航天是指飞行器在大气层外宇宙空间的航行活动，又称空间飞行、太空飞行、宇宙航行或航天飞行。对太空和天体进行探索、开发和利用，是进行航天活动的目的。按航天器探索、开发和利用的对象划分，航天包括环绕地球的运行、飞往月球的航行、飞往行星及其卫星的航行、星际航行（行星际航行、恒星际航行）。

航天的作用已经远远超出科学技术领域，对国家和国际的政治、经济、军事与社会生活都产生广泛而深远的影响。它促进了生产力的变革、人与自然的协调发展和社会文化进步等。例如，空间站将在卫星的基础上开展资源的调查与监测、预测全球环境的变化、监测气象和局部环境的变化、监测自然灾害（如洪涝、地震和森林火灾）以及载人航天技术等方面的国际合作，它将促进人类用全球甚至用全宇宙的观点去认识社会发展问题。

人类对太空充满着无限向往，从"嫦娥奔月""天宫神仙"等神话传说中开始的对太空的探索，直到液态火箭发动机的应用。1944年6月，德国V–2火箭成为第一枚到达太空的火箭。1957年10月4日，苏联发射"月球1号"是第一颗进入地球轨道的人造卫星。1961年4月12日，"东方1号"承载苏联宇航员尤里·加加林进行环绕地球轨道一次。

几十年来，中国航天科学家们继承古人的智慧、精神，迈开了探索太空的征程。随着"东方红一号""嫦娥一号""天宫一号"的相继发射成功，中国太空探索掀开了新的篇章。

本书对中国的航天历史进行了全面的介绍,从远古时期对太空开始进行观测,到如今的火箭、人造卫星、空间探测器。本书脉络清晰,条理清楚,将会带给你一段回味无穷的"太空探索之旅",让你对航天知识有更深一层的了解。

编者

目录

一、太空探测之旅

鲁班——中国第一位航天器制造师 2
中国古代天文成就 5
中国古代火箭 8
中国运载火箭的发展 12
第一枚仿制的火箭"东风一号" 16
长征系列运载火箭 19
中国深空探测的发展和展望 23
"嫦娥一号":中国首颗探月卫星 26
"萤火一号"火星探测器 30
中国嫦娥登月工程 34

二、由卫星到空间站

"东方红一号":中国发射的第一颗人造卫星 38
中国探测试验卫星的历程 41
我国应用卫星的发展和应用 45
中国北斗卫星导航系统 49
"神舟一号":铿锵起步,打破常规搞试验 53
"神舟五号"首次载人飞行 56

"神舟七号"：太空行走第一步 59
"天宫一号"：中国第一个目标飞行器和空间实验室 62
"神舟"与"天宫"之吻 65
中国空间站展望 69
中国对太空资源的开发 72

三、中国航天英雄

万户——人类文明史上第一个尝试用
火箭飞天的人 78
中国嫦娥工程总指挥：栾恩杰 82
戚发轫——神舟之父 85
中国航天之父、导弹之父——钱学森 88
孙家栋——中国卫星之父 91
杨利伟，"中国太空第一人" 94
"飞天双雄"费俊龙、聂海胜 97
两度飞天景海鹏 100
中国太空漫步第一人翟志刚 103

四、卫星发射基地

酒泉卫星发射中心 108
西昌卫星发射中心 112
太原卫星发射中心 116
文昌航天发射中心 120

五、中国航天科学

中国航天系统工程 124
中国航天事业的发展和展望 127
中国载人航天计划 131

中国航天员的太空生活与安全 134

中国航天服 138

中国航天医学工程 142

中国航天育种 145

中国航天飞机与宇宙飞船之争 148

一、太空探测之旅

鲁班——中国第一位航天器制造师

⊙拾遗钩沉

从现代世界航天事业的历程看，我国起步时间相对西方国家较晚，但是，大家可能有所不知，人类第一个航天器制造"工程师"却是中国古时候伟大的发明家——鲁班，他也被称为是木匠的祖师爷。

鲁班真正的名字叫公输般。他出生在春秋末期，故乡在现在的山东滕州。鲁班出身在工匠世家，从小就有一门好手艺，他不仅聪明机智，实践经验也很丰富。我们现在经常使用的锯子，就是他发明的。但是从航空技术来说，鲁班发明的"木鹊"可算作是人类最早的航空"飞行器"。

鲁班

木鹊被那时的人称作木鸟。开动机关，木鸟便能飞上天空，据说它飞行了三天，还没有掉落下来。木鸟试飞成功后，鲁班自认为是当时最为先进的技术，所以他非常得意。这在《墨子·鲁问》中有记载，但是向来保守的墨子对这件事不以为然，甚至讽刺鲁班："子之为鹊也，不如匠之为车辖。"意思是，你做出这个木鹊，还不如木匠做的一根车轴实用。保守和实用至上的墨子说得也没有错，但是，人类的飞天梦想能实现，离不开鲁班这类痴迷飞天的匠人的实践和创造！

⊙ 史实链接

《墨子·鲁问》中说，鲁班削竹木做成木鹊，飞了三日都没落下。他还制造了能载人的大木鸢，在战争中执行侦查任务。《渚宫旧事》中说："尝为木鸢，乘之以窥宋城。"《论衡·儒增篇》和《酉阳杂俎》则分别记载了他父母因乘坐他发明的机器而丧命的传说，当然不能全信。

⊙ 古今评说

鲁班是山东人，发明了飞鸢，可以说是人类让飞行器翱翔天空的第一人；他还被人们尊称为建筑业的鼻祖；在军事科学上，鲁班也是一位伟大的发明家，他发明了云梯（攻城武器）、钩钜（人们现在还在使用）和其他攻城的武器；他很早就被称作机械圣人；另外，他还有许多民用工艺等方面的成就。鲁班是中国古代当之无愧的科技发明之父。

中国的科技圣人鲁班和政治家、教育家孔子、孟子等人齐名，他们均受人爱戴。在中国的诸子百家中，鲁班是最伟大的科学家。《墨子·鲁问》说到鲁班制造木鹊，飞上太空三日不掉下来。这是人类最早的升空实验之一，让我们感到骄傲。

在春秋战国时期，上流社会视能工巧匠为"贱流"，贬斥发明创造者为"奇技、奇器以疑众"。此时是我国从奴隶制社会向封建制社会转变的重大历史时期，可想而知，鲁班的处境有多么艰难。鲁班发明的东西有些虽然

飞鸢

已经失传，但很多发明一直流传至今。他发明了很多被当时人称为"奇技淫巧"的东西，造福于人民。鲁班是靠聪明才智和非同凡响的创造力，确立起自己在人们心目中的崇高地位的。遗憾的是，鲁班自己没能给人们留下文字性的东西，其弟子也没能用文字记载下来鲁班的业绩。

中国古代天文成就

⊙拾遗钩沉

中国几千年来不断积累了大量宝贵的天文资料，是世界上天文学发展最早的国家之一，引起了各国天文学家的关注。中国古代最发达的四门自然科学是天文学、数学、农学、医学。就文献数量来说，天文学和数学并列，仅次于农学和医学。中国古代天文学的主要部分是

郭守敬发明的简仪

历法。历代历法在"二十四史"中有专门的篇章记载，有"历志"和"律历志"两种称谓。中国古代的历法类似编算现在的天文年历，不仅仅是计算朔望、二十四节气和安置闰月等编排日历的工作，还包括日食、月食和行星位置的计算等一系列方位天文的课题，相当于古代印度的"悉檀多"或阿拉伯的"积尺"。欧洲的古代天文学不以历法作为主要内容，与中国、印度和阿拉伯各国不同。中国长于日月运行的计算，而印度和阿拉伯则长于行星位置的计算，所以中国与古代印度和阿拉伯又有所不同。

中国古代天文学的另一项主要内容是天象观测。天文志这类资料在《二十四史》中有专门记载。其中，包括天象观测的方法、仪器和记录。浑仪是中国主要的观测仪器，我国一直用赤道式装置，同希腊用的黄道式装置不同。在明末以前，中国一直是分圆周为365.2462°来记录观测数据的度数，而受巴比伦影响的别的国家则用360°。两千多年来，中国保存了天文学的重要原始资料，这些资料是有关日食、月食、月掩星、太阳黑子、流星、彗

星、新星等丰富的记录。中国古代天文学发展到最高峰的标志是元代的《授时历》。

⊙ 史实链接

在秦汉时期,我国天文学有了长足的发展。全国开始制定统一的历法。西汉武帝时,天文学显示了很高水平,由落下闳参与改定的《太初历》具有节气、闰法、朔晦、交食周期等内容。这一时期还制作了重要的观测仪器,如浑仪、浑象仪等,对后世有深远影响。在天文学理论上,人们对宇宙的认识逐步深化是在两汉时期。先是有人提出"浑天说",进而又有人提出"宣夜说"。前者认为"浑天如鸡子,天体圆如弹丸,地如鸡子中黄,孤居于内",意思是将宇宙比喻为鸡蛋,地球如同蛋黄浮在宇宙中;后者认为"天"是没有固定的天穹,没有边界的。这实际上是说宇宙空间是无限的。

落下闳

天文学在魏晋南北朝时期仍有所进。祖冲之在公元462年完成了一部精确度很高的历法,它就是《大明历卜》,如它计算的每个交点月(月球在天球上连续两次向北通过黄道所需时间)日数和现代观测的27.212 22日只差十万分之一日。

隋唐时期,天文学者又开始编定新历法,而且对恒星位置进行重新测定。世界上最早对子午线长度进行实测的是一行、南宫说等人。人们根据天文观测的结果,绘制出了一幅幅星图。中国高水平的星象观测是在敦煌发现的于唐中宗李显时期(705—710年)绘成的星图,共绘有1 350多颗星。众所周知,欧洲直到1609年望远镜发明之后,才绘制了超过1 022颗星的星图。

⊙古今评说

中国古代天文学在世界天文学发展史上占据重要的地位。因为我国天文学方面屡有革新的优良历法、令人羡慕的发明创造、卓有见识的宇宙观等。我国最早的天象观察是在好几千年以前，观察仔细、记录精确、描述详尽，其水平之高，达到使今人惊讶的程度。有些记载有很高的科学价值，如对太阳、月

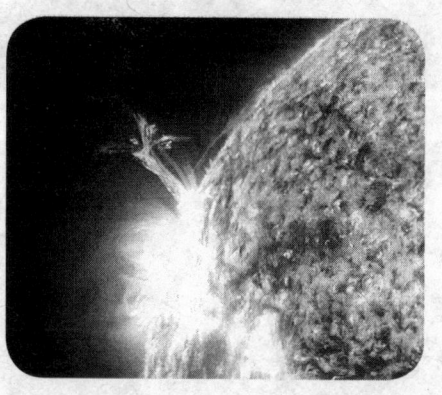

日珥

亮、行星、彗星、新星、恒星等的详尽描述，以及日食和月食、太阳黑子、日珥、流星雨等罕见天象的记录。在我国河南安阳出土的殷墟甲骨文中，还有丰富的天文现象的记载。这表明我们祖先的天文学在公元前14世纪时已经很发达了。我国对哈雷彗星观测记录详尽与久远，是世界天文史学界公认的，没有哪个国家可以相比。

我国有世界上最早、最完整的天象记载，是天文现象最精确的观测和记录。在欧洲文艺复兴以前，我国已创造性地设计和制造了许多种精巧的观察和测量仪器，在创制天文仪器方面作出了伟大的贡献。例如，土圭（也叫圭表）是我国最古老、最简单的天文仪器。它是用来度量日影长短的，至于圭表最初是从什么时候开始有的，已经无从知道了。

中国古代火箭

⊙ 拾遗钩沉

因为有了火箭，航天事业才得以发展。而古代火箭又是现代火箭的源头。现代的运载火箭，是古代火箭同现代自然科学的理论和探索的结合体，它的形成经过了一段漫长的历史演变。提到古代火箭，不得不提到为此做出了巨大贡献的中国。中国是第一个发明火箭的，是古代火箭的故乡。在中国古代，火箭是运用火药燃气反作用力原理制造的。火箭在当代科学精英的不断努力下，能够成功地运载巨大的飞船升空，对我们每个中国人来说，都是引以为自豪的。

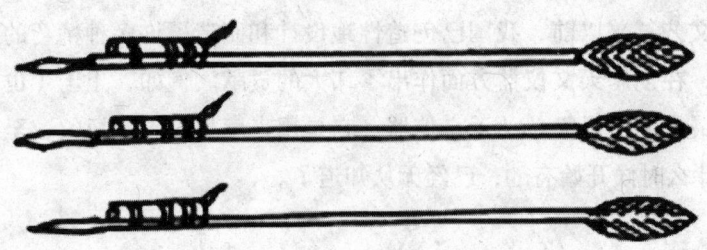

最古老的火箭

⊙ 史实链接

在公元3世纪的三国时代，"火箭"这个词就被使用了。公元228年，魏国第一次在射出的箭上装上火把，这是具有重大历史意义的一步。当时蜀国在进攻陈仓（今陕西宝鸡东）时，蜀军攻城的云梯被魏国守将郝昭用火箭焚烧了，"火箭"一词自此出现。不过火箭在当时是为了纵火目的的兵器，浸满油脂的麻布等易燃物绑在箭头后部，点燃后用弓弩射至敌方，与现代火箭产生推力的功能是不一样的。

火箭及火箭制造方法，曾由北宋（公元10世纪后期）的军官冯继升、岳义方、唐福等向朝廷进献。虽然那时火箭的火药燃烧效能已经得到了很大的提升，但是仍需要弓弩才能将其射出。最早、最原始的"火药箭"在人类历史上出现了。它把火药装在用纸糊成的筒里压实，然后绑在箭杆上，利用弓将其发射出去。后来在原始火箭基础上做了改进，将火箭直接装入杆中间，爆时声响很大，这是为了达到恐吓敌人的效果。

　　箭头、箭杆、箭羽和火药筒是组成中国古代火箭的四大部分。火药筒外壳用竹筒或硬纸筒制成，在里面填充火药，封闭筒的上端，并在下端开口，导火线由筒侧小孔引出。火药在点火后的筒中燃烧，产生大量气体，并且会产生高速向后的喷射效果，因此会产生向前的推力，就像今天能飞上高空的爆竹一样。火药筒可以被看做是现代火箭的推进系统；而锋利的箭头相当于现代火箭的战斗部，其杀伤力能够穿透人体；尾端安装的箭羽可以看做是现代火箭的稳定系统，它在飞行中起稳定作用；而箭杆相当于现代火箭的箭体结构。1621年，中国古代火箭外形图首次被记载在茅元仪编著的《武备志》中。

　　在中国，火箭出现后就以惊人的速度被用于军事行动和民间娱乐中。在10—13世纪的宋朝、金朝和元朝，火枪、飞火炮、震天雷炮等火药武器已被应用到了战争中。那时的飞火炮是一种原始的火箭武器，类似于现代的火焰喷射器。北宋后期为了给节日增添喜庆的气氛，人们利用火药燃气的反作用力，在民间盛行的烟火戏中制成了能够高飞和升空的"流星"（或称"起火"）、"爆竹"。流星、爆竹从工作的原理上，可以看出已经具有了火箭的特点。

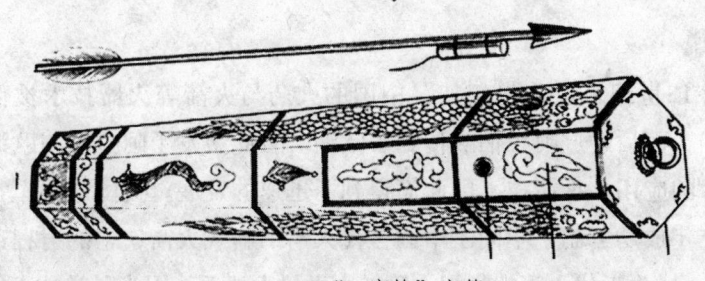

"一窝蜂"火箭

原始的火箭于12世纪经过改进后，在军事上得到了广泛利用。火箭兵器到了元朝、明朝，在战争中得到了很大的发展，很多与现代火箭类型相近的火箭在当时被发明了出来，出现了许多利用多级串联或并联（捆绑）技术的火箭，例如，"二虎追羊"、"九龙"、"一窝蜂"、"震天雷炮""火龙出水""神火飞鸦""飞空砂筒""万人敌"等，这些重要的火箭武器在明朝史籍中都有记载。

我国火箭技术得到迅猛发展的时期是明朝，多种利用火药反作用力推进的火箭被用于战争。明初，朱元璋第四子燕王朱棣于河北的白沟河同建文帝的部队作战时，遭到"一窝蜂"火箭的射击，这是其在夺取政权的"靖难之役"中发生的，这是中国最早将"喷气火箭"用于战争的记载。各种单级喷气火箭在此后不断增多，被分为单发和多发两大类。

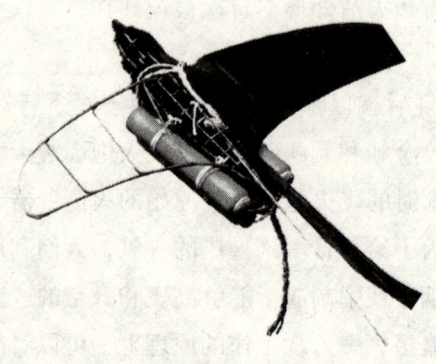

"神火飞鸦"

⊙ **古今评说**

大约在13世纪末至14世纪初，中国的火药与火箭等火器技术被传到印度、阿拉伯，而后经过阿拉伯被传到了欧洲。自此激发了阿拉伯与欧洲国家对火箭技术的应用，火箭技术因此而得到了迅速的发展。英国炮兵军官康格里夫于1805年成功创制了不同于中国古代火箭的新式火箭，它的射程达到了2.5～3千米，成为近代火箭的鼻祖。第二次世界大战后，因为科学技术的迅猛发展，火箭技术逐渐被用于空间探测和开发。苏联于1957年10月4日，发射了第一颗人造地球卫星；又于1961年4月12日，成功发射了第一艘"东方号"飞船；美国"阿波罗11号"飞船于1969年7月20至21日登月。

虽然中国人发明了古代火箭、火药，但由于长期以来，科学技术的发展不被重视，导致了古代火箭技术只停留在礼花爆竹之中，而未能在中国发展为现代火箭技术。虽然欧洲人学会使用火箭是在中国发明火箭的几百年之后，但现代火箭技术最终还是从欧洲发展起来，这成为了中国科技史上的一大遗憾。

中国运载火箭的发展

⊙拾遗钩沉

　　航天事业的发展往往取决于火箭的发展。现代高端的运载火箭是在古代火箭的基础上，经过漫长的历史演变以及融合了现代自然科学的理论和探索的成果发展起来的。周恩来总理在1956年春主持制定的《1956年至1957年科学技术发展远景规划纲要（草案）》。包括57项重要新型科技内容，火箭与喷气推进技术是其中7个重点项目之一。在这个规划的指导下，组建中国第一个导弹研究设计机构以及其他的一系列筹备工作也被提上了日程。

　　仿制，是我们研制火箭的第一个阶段，学习的对象是苏联援助的P-2火箭。后来因为中苏两国产生重大分歧，这种援助模式和合作关系彻底破裂并终结于1960年8月。万般无奈下中国只能靠自己，多番风雨征程，多年坚持不懈，中国在自主设计的道路才看到了一丝曙光——成功地研制了几种战略导弹，这要归功于中国在火箭技术的发展方面采用了自力更生的基本方针。

　　"651工程"启动于20世纪60年代中期，其实就是国家决定设计、生产并且发射我国第一颗人造地球卫星的计划。我国第一种现代运载火箭的设计和生产成为"651工程"的重要配套项目，它的总体方案是在刚刚研制的中远程导弹的基础上，加上固体推进剂的第三级做成的。"长征一号"火箭成功地于1970年4月发射，并且完

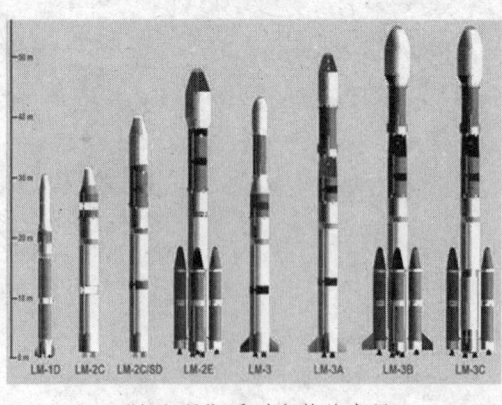

"长征号"系列火箭的发展

了成把我国第一颗人造地球卫星送上太空的使命。我国运载火箭在20世纪80年代中期经历了从"长征一号"到"长征四号"的升级发展过程。

⊙ **史实链接**

　　1970年4月，"长征一号"火箭把中国的第一颗人造卫星——"东方红一号"成功送入近地轨道，意味着中国荣登第五大能独立研制和发射卫星的国家的宝座，从此为"长征"系列的运载火箭在发射卫星这条光明大道上开辟出了一片新天地。第一颗返回式遥感卫星乘着"长征二号"火箭成功地在1975年11月进入太空，作为"世界上第三个掌握卫星回收技术的国家"，中国实至名归。

　　一步步地突破，一次次地创新，随着"长征"运载火箭的不断成熟，中国航天技术不断推向新的水平。运载火箭不断在技术上突破创新，转折点是在使用了低温燃料发动机和掌握了发动机高空2次点火技术后，中国第一颗试验通信卫星在"长征三号"火箭的顺利推进下于1984年4月成功升空，意味着中国从此具备了研发地球静止轨道卫星的发射能力，同时火箭技术在世界上名列前茅。

　　但中国并没因这些成就而沾沾自喜，我们有更高的目标——追赶上发达国家，不断提升国际航天的地位。在科研人员辛勤探索下，我国终于成为世界上少数几个掌握火箭捆绑技术的国家之一。新一代大推力火箭"长征二号"捆绑式火箭在1984年7月成功发射，表明我国火箭技术又提上了更高一个层次。更多的中国运载火箭成功发射，大有不可阻挡之势。"长征三号"火箭在1990年发射成功，给太空送去了"亚洲一号"卫星；"一箭双星"是在2002年5月由太原卫星发射中心的"长征四号"

"海洋一号"卫星

火箭成功发射的,包括"风云一号D"气象卫星和中国第一颗海洋卫星"海洋一号"。由此可见,中国航天技术蒸蒸日上,强大的国际竞争力更是有目共睹。

运载火箭技术的成熟引发我们对发射航天飞船的新要求。这个重任似乎完成得无懈可击——从1999年到如今,"长征二号"系列火箭在酒泉卫星发射中心相继成功发射了"神州号"系列飞船就是最好的证明。中国的飞天之梦,一步一步地实现了。

⊙古今评说

有不可否认,我国火箭技术与发达国家仍有一定的差距,今日的重任似乎也明了,那便是巩固航天重点高新技术领域的前沿阵地,提升我国航天事业在世界上的地位。为了提高民族凝聚力和综合竞争力,研制新一代"长征"系列火箭也显得刻不容缓。于此同时,我们还应把"瞄准世界先进水平,走跨越式发展的道路"作为发展新一代运载火箭的指导思想与原则。新一代火箭除了要满足不同用途大型卫星发射需要,还要顾及空间站的发射需要;新型运载火箭需实现通用化、系列化和组合化设计,而且还应具备高可靠、低成本、无污染、易使用的优势。自力更生的发展道路我们一定要铭记于心,在世界航天高科技领域要保持自身优势。

对重复使用运载火箭的探索研究及使其早日工程化成了达成"降低成本,提高可靠性,促进火箭技术进步"这一目的必不可少的要求。由我国现有国情来看,首先应是从两级入轨、部分重复使用的运载火箭入手其次才是逐步过渡到单级入轨、重复使用的运载火箭。

下一代火箭"长征五号"示意图

不难看出，运载火箭的发展使国家科技得到前所未有的发展，科技创新水平也得到空前提高，同时带动我国其他相关行业的发展。据统计，从国家成立航天技术部门以来，因航天技术发展需要而研制的材料占据了所有1100多种新型材料的80%。在火箭和卫星的总研制费用中，用于科研和基础工业部门的经费高达70%。

　　从理论探索到工程实践，从小到大，从弱到强，中国航天所有的一切都是靠中国人自己独立完成的，我国的国际地位也由此大幅提升。中国特色的"长征"火箭的旗帜在太空中飘扬起来。

第一枚仿制的火箭"东风一号"

⊙拾遗钩沉

中国火箭的制造可以说是被逼出来的。就在苏联于1960年9月10日撤走专家后的第17天,中国用苏联专家认为会爆炸的中国自己生产的国产燃料,成功地第一次在自己的国土上发射了将一枚苏制P-2导弹。而这时中国仿制的导弹也开始进入最后的组装,这颗导弹是按照苏联提供的图纸仿制出来的。"东风一号"是新中国航天人自己制造出来的第一枚导弹的名字。

⊙史实链接

新中国建立后,明显感受到外来的威胁,此时重要的议题是如何发展国防科学技术。1956年是新中国航天史的开端,钱学森先生在那一年2月,向中央提出了《建立中国国防航空工业的意见》。3月,国务院制订《1956至1967年科学技术发展远景规划纲要(草案)》,其中提出在12年内,要独立发展中国的喷气和火箭技术。航天工业委员会于1956年4月成立,聂荣臻副总理在同年5月10日向中央提出《建立中国导弹研究工作的初步意见》。周恩来总理于5月26日主持中央军委会议,经过讨论最终同意并责成空中航行委员会负责组织导弹管理机构和研究机构。1956年10月8日,我国第一个火箭、导弹研究机构——国防部第五研究院(即现在的运载火箭研究院)成立了。

"东风一号"

1957年12月24日，一辆从莫斯科出发的专列抵达北京，车上有102名苏联火箭技术人员，并且还有一份前苏联"还给"中国的厚礼——两枚P-1近程地地导弹，作为对200年前康熙皇帝曾送给俄国沙皇两箱古代火箭的回礼。中国第一个运载火箭发射场于1958年4月开始兴建。

　　毛泽东于1958年5月17日在中共八届二次会议上发出了"我们也要搞人造卫星"的号召，由此掀起了中国航天事业的第一个高潮。在前苏联专家的帮助下，10月20日，中国第一个卫星发射场在酒泉建立起来。1960年，正当中国仿制P-2导弹的工作进入最后阶段时，赫鲁晓夫下令全部停止先前的协议，正在进行的对中国的援助被终止了。这是因为中苏之间开始了意识形态的大论战开始了。

　　头脑发热的中国火箭人把V-2的图纸放大了一倍，制造出了"东风二号"，而就是这一次异想天开，让所有科技人员记忆深刻。

　　"东风二号"于1962年3月21日上午9时5分53秒，在所有人的期望中点火升空，但最后以失败告终。

　　吸取了急功近利的教训，经过两年多脚踏实地的艰苦研制，"东风二号"于1964年6月29日重新发射，连续三枚都取得了成功。它标志了中国从此拥有了可以实现远程打击的导弹。

"东风一号"发射成功

⊙古今评说

　　"东风一号"实现了零的突破。近程地地战略导弹是中国根据苏联P-2导弹仿制出来的，并于1960年11月5日成功试射。这枚导弹全长为17.68米，弹径有1.65米，起飞时质量达到20.4吨，采用一级液体燃料火箭发动机，最大射程为600千米，并且可以携带1 300千克的高爆弹头。虽然该导弹并没有在实战中部署过，但是中国的导弹研究体系和一批导弹专家，就是通过仿制P-2导弹而建立和培养起来的。

当初年轻的共和国靠两根支柱在一片废墟上迅速挺立,一根是大庆油田,而另一根就是"两弹一星"。中国现今是世界上具有重要影响力的大国,但是如果在20世纪60年代以来,没有原子弹、氢弹,没有发射卫星,就不会有现在这样的国际地位。火箭技术反映一个民族的科技实力,标志着一个民族、一个国家的兴旺发达。

"长征"系列运载火箭

⊙ 拾遗钩沉

中国展开现代火箭的研制工作是自1956年开始的。中国自行设计研制的中程火箭，于1964年6月29日试飞成功，随后马上着手研制多级火箭，向空间技术进军。经过艰苦卓绝的五年努力，"长征一号"运载火箭于1970年4月24日诞生。"东方红一号"卫星首次发射成功，中国航天技术因此迈出了至关重要的一步。中国因为有了"长征"系列火箭而在国际发射市场有了自己的一席之地。

中国"长征"系列火箭模型

⊙ 史实链接

20世纪60年代中期是中国"长征"系列运载火箭的开端，"长征一号""长征二号""长征三号""长征四号"4个系列10多种型号的运载火箭相继研制成功。这一系列能发射从低轨到高轨不同质量与用途的各种航天器、载人飞船和月球探测器。更大更先进的"长征五号"新一代火箭系列也正在研制当中。

"长征一号"作为三级火箭，主要用于发射近地轨道小型有效载荷，1970年4月24日，它使中国成为世界上第五个能自主发射卫星的国家，因为它把"东方红一号"——中国的第一颗人造地球卫星送入近地轨道。"长征一号"运载火箭和"长征一号丁"运载火箭两个型号,被包括在"长征一号"系列里面。这两个型号的运载火箭是三级运载火箭,主要用于发射近地轨道小型有效载荷。1965年,我国开始研制"长征一号"运载火箭。后来,还研制"长征一号乙"运载火箭、"长征一号丙"运载火箭,但未投入生产。

中国的航天运载器的基础型号是"长征二号"运载火箭。目前,作为中国最大的运载火箭家族,发射近地轨道卫星和飞船是"长征二号"系列的主要用途,"长征二号""长征二号C""长征二号D""长征二号E"和"长征二号F"等被包括在这一系列内。"长征二号"系列火箭为两级结构,发射过返回式卫星、美国铱星、澳大利亚卫星等政府和商业卫星。截至2007年,"长征二号F"火箭作为载人航天运输工具,共发射过6艘"神舟"飞船。

"长征三号"系列作为三级火箭,发射高轨道卫星是其主要的作用,

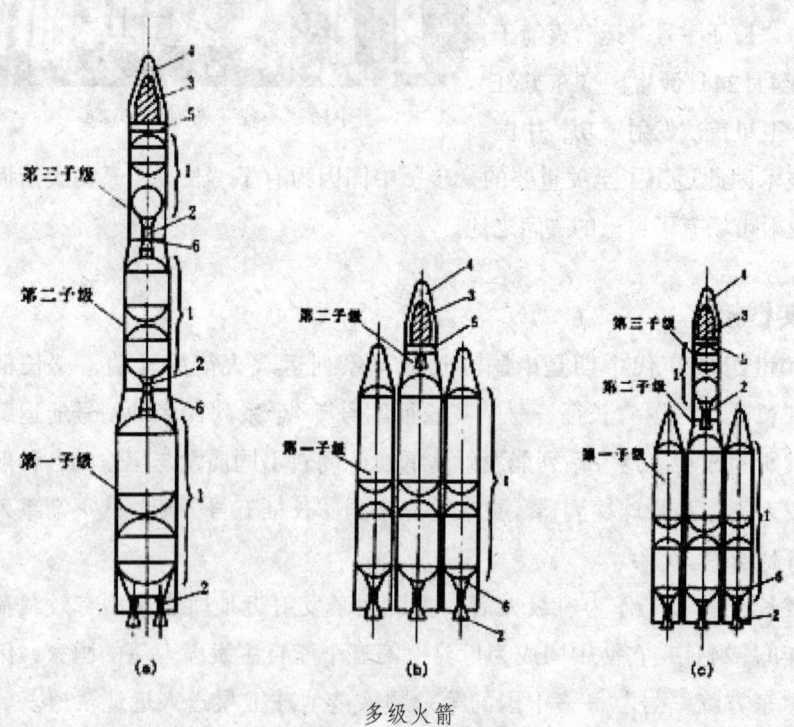

多级火箭

"长征三号""长征三号A""长征三号B"和"长征三号C"被包括在这一系列内。它们的第一、二级的推进剂采用了四氧化二氮和偏二甲肼;而第三级的则采用了液氢液氧低温推进剂,具有二次启动的功能,并且具有运载重量为2.6～5.5吨地球同步轨道通信卫星的能力,比如"北斗"导航卫星、"鑫诺"卫星、"马部海"卫星等。"长征三号A"为串联三级火箭。"长征三号B"和"长征三号C"为串联加捆绑式火箭,2～4枚助推器与"长征三号A"的芯级捆绑了发射,以加大起飞推力。

"长征四号"系列火箭也是三级火箭,在600千米太阳同步轨道具有2.5～3.1吨的运载能力,发射"风云"气象卫星和资源卫星等是它的主要用途。

"长征五号"系列火箭的芯级直径为5米,推进剂全部采用液氢液氧,目前正在研制中,捆绑了不同数量的直径为3.35米和2.25米、推进剂为液氧煤油的助推器。这一运载火箭系列的近地轨道运载能力达到10～25吨,地球同步转移轨道运载能力覆盖6～14吨。它具有五大特征,分别是无毒、无污染、高性能、低成本和大推力。

⊙ **古今评说**

1965年中国开始自行研制的航天运载工具是"长征"系列运载火箭。现今,"长征一号""长征二号"、"长征三号"和"长征四号"(含"风暴一号")为长征火箭的四个系列。退役、现役和在研型号共有13种,其中有六种用于近地轨道发射,四种用于中间轨道发射,四种用于高轨道发射,各种地球轨道的不同航天器的发射需要基本上都被覆盖了。"长征"火箭在低地轨道的发射能力是0.2～12吨,在太阳同步轨道发射能力是0.4～5.7吨,在地球同步轨道的发射能力是1.5～5.5吨。

自中国在1970年4月用"长征一号"运载火箭成功发射"东方红一号"科学试验卫星以来,中国已有87次发射"长征"系列运载火箭的发射纪录,成功率超过90%,达到了国

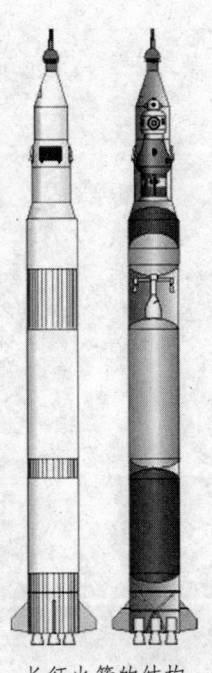

长征火箭的结构

际一流火箭发射成功率的标准。目前,12个型号的"长征"系列运载火箭成为我国主打的运载火箭。主要承接中国的卫星发射任务的"长征"系列火箭在国际卫星发射市场上也占有一席之地。

中国深空探测的发展和展望

⊙拾遗钩沉

随着中国航天事业的发展，在卫星和载人航天工程顺利实施之后，深空探测也成为必然趋势，这也是我国综合国力和科技水平的一个重要体现。国务院新闻办公室2000年11月发布《中国的航天》白皮书，明确指出深空探测将是我国未来十年的目标，集中体现在月球探索方面。2002年公布的《国家产业技术政策》中也指出：中国航空航天领域以深空探测作为重点发展方向，中国正在建设海南发射场，以满足新一代运载火箭的发射任务。同时，由陆基向天基、地球空间探测向深空探测，是中国航天测控网的拓展步伐。

深空探测战略有两大主线——月球探测和行星际探测。探月工程作为我国迈向深空的第一步，以月球作为主要的目标。预实现载人登月，而在这之前，2020年要完成对月球的"绕""落""回"三个步骤。对火星、大行星、小天体的探测组成了我国行星际的探测计划。

围绕着无人和载人月球探测，以及新一轮探测，是我国未来深空探测的两条主线。深空探测发展有三个步骤，第一，发展火星探测器，即使与地球相隔四亿千米，也具备探测的能力，这也是探月的二期工程。第二，火星"软着陆"巡视探测器，能完成在火星大气层巡视和

我国正在研究的月球巡视探测器的模型

在火星表面"软着陆"能力,这种能力可以通过对行星接力发射等关键技术的掌握得以实现。第三,是实现载人登月、火星无人采样返回等关键技术的掌握。

⊙史实链接

"嫦娥一号"于2007年10月24日成功发射,这是中国第一个月球探测器。这次发射获取了大量科学数据和全月球影像图。我们预设的目标"精确变轨,成功绕月"和"受控撞月"都得到了实现。

"嫦娥二号"月球探测器于2010年10月1日发射成功,不仅获取了虹湾区域高清晰影像和分辨率更高的全月球影像图,还成功开展了为深空探测后续任务的实施,奠定了基础的环绕拉格朗日L2点等多项拓展性试验。为了顺利开展火星探测,我国正在建设大功率天线和火星探测地面站以及深空测控网。

"嫦娥二号"卫星

火星探测是开启我国深空探测活动的起点,而太阳、小行星、金星、木星系统等的探测也在统筹计划中。火星探测主要开展三个阶段的探测活动:全球遥感、软着陆就位和火星车巡视以及自动采样返回探测。行星探测器探测集中在火星、巨行星、小行星和彗星等无人行星探测上。火星成为行星探测器探测的第一选择,因为它是靠类地球最近的类地行星,要形成太阳系内没有大气的不同天体多种形式的探测能力,就要从月球环绕探测起步,转而发展月球"软着陆"与巡视探测,接着是月球无人采样返回和近地行星"软着陆"探测,最后是火星无人取样返回和巨行星及其卫星的探测。

我国在深空探测方面制定了相关时间表:2013年探测火星,2015年探测金星,2025年要实现首次载人登月。这是我国深空探测的又一次提速。

⊙ **古今评说**

欧阳自远是中国月球探测工程的首席科学家,他认为服务于人类生存和持续发展是深空探月的最终目的。深空探测的首站是月球,关于对宇宙的未知和自身演化过程的探索必然会延伸到对太阳、行星和行星际探测。我国航天的研究对象是地球的近邻火星和金星。

相关专家指出,人类想要了解地球上生命物质的起源,可以通过小天体的结构与成分探测,推演小行星和彗星和太阳系内有机物的起源和演化等;想要躲开个别小天体对地球的撞击,可以通过探测与精确测定太阳系小天体的运行轨道和物理化学特征得到实现。深空探测中对太阳系乃至整个宇宙的起源、发展和演化的探索是一个永恒的科学目标。它不仅激发人类的探索精神,而且在培育新的科研工作者综合开发深空资源、利用,保持人类科技水平的持续发展方面,影响深远。

中国月球探测工程的首席科学家——欧阳自远

我国深空探测能力在近几年的发展中逐步提升,显著体现在载人航天工程和探月工程的顺利开展上。

"嫦娥一号"：中国首颗探月卫星

⊙拾遗钩沉

中国自主研制并发射成功的"嫦娥一号"卫星是中国首个月球探测器，由中国空间技术研究院研制，以中国古代神话人物"嫦娥"命名。获取月球表面三维影像、分析月球表面有关物质元素的分布特点、探测月壤厚度、探测地月空间环境等是"嫦娥一号"的主要用途。2007年10月24日，在西昌卫星发射中心，"嫦娥一号"由"长征三号甲"运载火箭发射升空。中国从此成为世界上第五个成功发射月球探测器的国家。

⊙史实链接

"嫦娥一号"整个"奔月"过程所花费的时间为大概8~9天。卫星的总质量达到了2 350千克左右，其尺寸为2 000毫米×1 720毫米×2 200毫米，拥有展开长度18米的太阳能电池帆板，可使用寿命超过1年。获取月球表面的三维立体影像，分析月球表面有用元素的含量和物质类型的分布特点，探测月壤厚度和地球至月球的空间环境是该卫星的主要探测目标。自2004年1月起，"嫦娥一号"成为中国嫦娥工程的第一阶段任务，此阶段耗资14亿元。2009年3月1日卫星完成任务后撞向月球预定地点。

"嫦娥一号"卫星发射后，首先被送入离地面距离为500~70 000千米的地球同步椭圆轨道，探月卫星环绕此轨道一圈26小时后，通过加速再进入一个距离地面最近距离为500千米，最远为12万千米的更大的椭圆轨道，此时环绕一圈需要48小时。此后，探测卫星为了"奔向"月球，需要不断加速，大概经过了83小时的飞行，依靠控制火箭的反向助推，在快要到达月球时对其进行减速。在被月球引力"俘获"后，它最后成为了环月球卫星，并且在离月球表面200千米高度的极地轨道绕月球飞行，拍摄三维影像等工作就此开展了。

卫星奔月总共所需的时间是157个小时，距离地球38.44万千米。与过去中国发射的卫星的距地距离相比几乎多了10倍，因为过去卫星距离地面一般都在3.58万千米左右。

绕月探测工程将完成以下四大科学目标：

（1）对月球表面进行三维立体拍摄，并获取影像。对月球表面的基本构造和地貌单元进行精细划分，对月球表面撞击坑形态、大小、分布、密度等

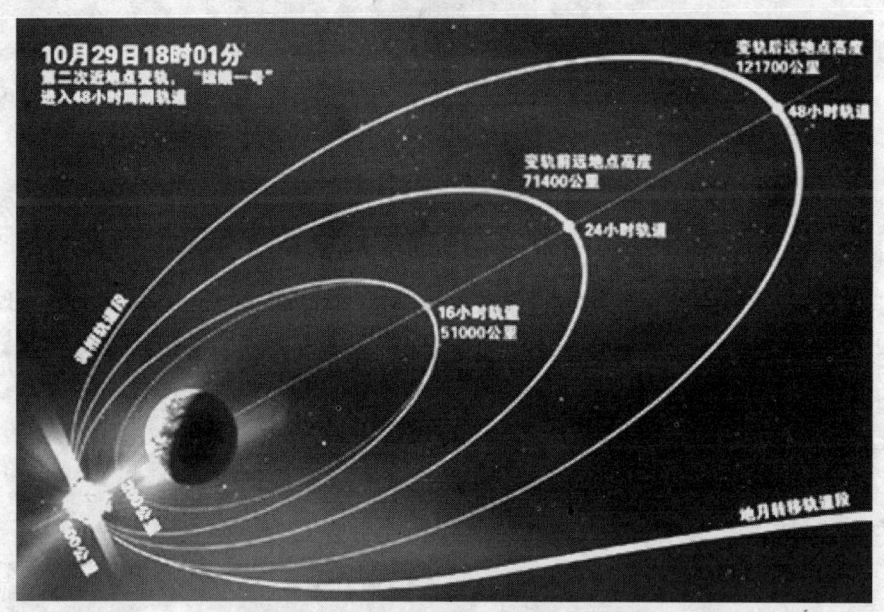

"嫦娥一号"成功实施第三次变轨

进行研究，提供划分类地行星表面年龄和早期演化历史研究的基本数据，并提供软着陆月面区域的选址和优选月球基地位置的基础资料等。

（2）对有用元素在月球表面的含量和物质类型的分布特点进行分析。主要对有开发利用价值的钛、铁等14种元素在月球表面的含量和分布进行勘察，绘制全月球各元素的分布图，月球岩石、矿物和地质学专题图等，发现在月表各元素的富集区，对矿产资源在月球的开发利用前景等进行评估。

（3）对月壤厚度进行探测。为了获取月球表面月壤的厚度数据，利用微

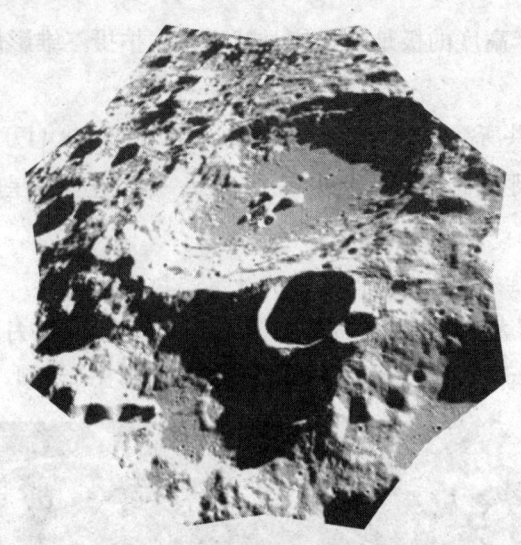

"嫦娥一号"传回的月球图片

波辐射技术,从而获得月球表面年龄及其分布,并在此基础上,对核聚变发电燃料氦-3的含量、资源分布和数量等进行估算。

(4)对地球至月球的空间环境进行探测。38万千米是月球与地球的平均距离,所在区域处于地球磁场空间的远磁尾,在此区域对太阳宇宙线高能粒子和太阳风等离子体进行探测,有利于对太阳风和月球以及地球磁场磁尾与月球的相互作用进行研究。

⊙古今评说

国外多家知名媒体对"嫦娥一号"的成功发射进行了点评。韩国《朝鲜日报》:"中国人登月的千年梦想终于实现了。"美国《洛杉矶时报》:"中国综合实力因为'嫦娥一号'成功发射而被展示了出来,中国以符合其发展中大国的地位,进入太空研究的前沿阵地。"日本《每日新闻》:"中国发射'嫦娥一号'卫星,意在扬振国威,对于月球的探测活动在世界各国逐渐增多时,中国为了获取主导权而进行了这次发射。"法新社报道,"中国的综合实力因为'嫦娥一号'的发射而被体现了出来,中国的国际地位和全国凝聚力进一步得到了提升。中国近年对太空研究领域加大了力度,是为了以与其不断提升的经济地位相匹配。"美联社报道,"中国首颗探月卫星发射成功,将登陆车送上月球后返回地球的计划迈出了雄心勃勃的第一步。"据路透社发表的评论:"'嫦娥一号'是以和平的方式发射的,中国不会和任何国家进行月球竞赛,中国在不断发展经济的同时,也有能力发展自己的创新科技,这是中国想向世界证实的。"

"萤火一号"火星探测器

⊙拾遗钩沉

位于地球轨道外侧最近的一颗行星为火星，距离地球大约5500万千米。火星备受瞩目是由于它可以发出特殊的红光。除了地球存在生命物质之外，人们认为在火星上也极有可能存在生命物质，因而，人类对探测火星有着浓厚的兴趣。人们对火星进行探测是为了得到相关问题的答案，如：

生命是否在火星上存在或曾经存在过？

火星的表面是否曾经有大面积的水体存在？

火星的大气是怎样演化的，天气和气候有什么特征？

火星的磁层和电离层有什么特征？

火星表面的矿物，火星地质、矿物和内部结构有何特征？

距离地球最近的行星——火星

在火星上能开发和利用的资源有哪些？

古代西方称火星为"战神"，而中国古代则称呼它"荧惑"，谐音"萤火"，也因此将"萤火一号"作为中国第一颗火星探测器的名字。20世纪90年代初期，中国开展了"863计划"的行星探测课题，也就是研究探测火星的必要性和可行性。2011年11月9日4时16分，中国"萤火一号"火星探测器搭载俄罗斯"福布斯-土壤"探测器，在哈萨克斯坦拜科努尔发射场由俄罗斯"天顶号"运载火箭发射升空。"萤火一号"携带的探测仪器有等离子体探测包、磁强计、掩星接收机、光学成像仪等四种。

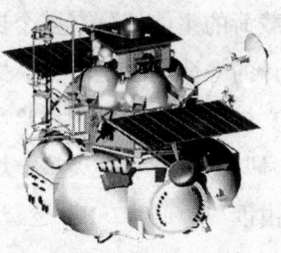

"萤火一号"

对火星的空间磁场、电离层和粒子分布变化规律，以及火星大气离子逃逸率进行探测是"萤火一号"的主要科学探测目标。此外，也还将对火星地形地貌、沙尘暴以及火星赤道附近的引力场等进行探测。

⊙ 史实链接

主体部分长75厘米，宽75厘米，高60厘米的"萤火一号"实际质量为110千克，在它的两侧是太阳能帆板，帆板展开可至7.85米；同时，卫星有效

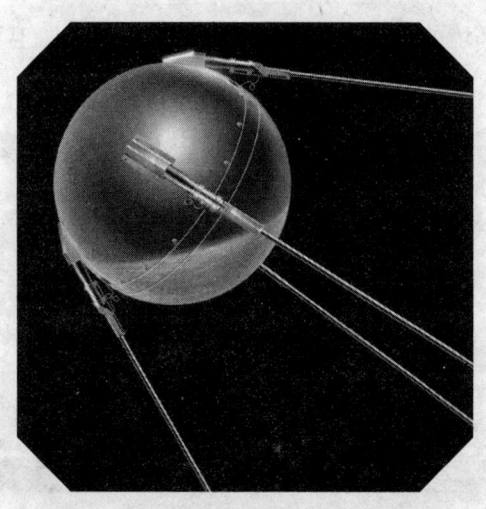

福布斯探测器

载荷的主体部分有多个探测通道,所以火星会被一双双"眼睛"对准;其设计的寿命期限是两年。探测器完成初样研制是在2008年4月,2009年6月完成真样,同年10月,在哈萨克斯坦境内的拜科努尔航天发射中心,将"萤火一号"与俄方的"火星土壤采样返回探测器"(简称"福布斯探测器")一起由俄"天顶—2SB"运载火箭同时进行发射。这也成为了中国首次进行的地外行星空间环境探测任务。

依照中俄两国协议,2009年双方对火星及其卫星"火卫一"进行联合探测,并由中国设计、生产中方卫星。中国科学院组织评审委员会认为:以探测火星空间环境为目标的"萤火一号"卫星与俄罗斯"火卫—土壤"卫星,首次联合探测火星空间环境,具有良好的创新性和不可替代的科学意义;实施中俄联合火星探测计划,中国将实现首次行星探测,提高卫星有效载荷研制的水平,并增强行星探测的能力和影响力。评委会最终一致同意通过评审。这一结果是以中国科技大学王水院士为首的评审委员们表决的。

"萤火一号"发射后,大概飞行10~11个半月,飞入火星轨道。火星的电离层及周围空间环境、火星磁场等都是"萤火一号"主要探测的内容。

据报道,计划由俄方运载火箭发射中方卫星,并送入火星椭圆轨道之后,该卫星将自主完成探测火星空间环境的任务。其间,在"火卫一"表面着陆的俄"福布斯火星探测器"则对"火卫一"土壤等样品进行提取,并返回地球。对火星环境的掩星探测将由我国"萤火一号"卫星与"福布斯探测器"联合完成。

"萤火一号"搭乘天顶2SB运载火箭升空

2011年11月9日，两国火星探测器顺利升空。遗憾的是，探测器未能按计划变轨。2012年1月，发射失败的"福布斯—地壤"火星探测器碎片落于太平洋。

⊙古今评说

　　2007年联合探测火星计划在中俄两国间签署，中国研制的一颗微小卫星——"萤火一号"在年2011将由俄罗斯负责发送至火星轨道。虽然"萤火虫一号"的发射失败了，但它标志着我国飞出地月系统的深空探测历程正式启动了，这同时也是行星无线电科学正式纳入我国行星探测体系的标志。

中国嫦娥登月工程

⊙拾遗钩沉

我国在发展人造卫星和载人航天之后,嫦娥工程成为了发展空间科学和技术的第三个里程碑。目前月球探测正在实施第一期工程,主要实现绕月探测,而对月球三维影像进行分析、月球有用元素和物质类型的全球含量与分布特点、月壤厚度探查以及地月空间环境探测是该工程的重点目标。能从地球走向月球,对我国现有成熟的航天技术进行充分利用,对月球探测卫星进行研制和发射,突破地月飞行障碍、进行远距离的测控和通信、绕月飞行、月球遥测与分析等技术,是我国月球探测航天工程建设的阶段目标。

⊙史实链接

2004年,中国月球探测工程正式开展,该工程被命名为"嫦娥工程"。"无人月球探测""载人登月"和"建立月球基地"是嫦娥工程的三个阶段。"嫦娥一号"于2007年成功发射升空,2009年在各项使命圆满完成后,按预定计划受控撞月。"嫦娥二号"于2010年顺利发射,各项既定任务圆满并超额完成。月球探测工程首席科学家欧阳自远于2012年9月19日表示,探月工程正在为2013年"嫦娥三号"探测器"软着陆"月球做准备。"嫦娥四号"是"嫦娥三号"的备份星。对着陆区的现场调查和分析,以及返回地球以后的月球样品分析与研究是"嫦娥五号"主要的科学目标。

人类航天活动的三大领域是发射人造地球卫星、载人航天和深空探测。世界航天活动,如重返月球,开发月球资源,建立月球基地将会成为必然趋势和竞争的热点。我国迈出航天深空探测具有重大意义的第一步,是开展月球探测工作进。我国航天深空探测为零的情况,在实现月球探测的时候被打破了。未来航天大国争夺战略资源的焦点将会是月球。月球具有各种开发和利用的独特资源，将作为对地球的资源的重要补充和储备，同时月球特有的矿产和能源将对人类社会的可持续发展产生重大的影响。"嫦娥工程"是我国自主对月球的探索和观察，绕月探测工程被国务院正式批准立项后，中国空间技术研究院承担研制出了"嫦娥一号"卫星，用于获取月球表面三维影像、分析月球表面有关物质元素的分布特点、探测月壤厚度、探测地月空间环境等。中国计划在月球建立研究基地，实现探月工程"绕""落""回"三步走战略。

第一阶段：绕（2002—2005年或稍后），即绕月探测。月球探测卫星是研制和发射的第一个月球探测器，全球性、整体性与综合性地探测有开发利用前景的月球能源与资源的分布，并探测月球表面的环境、地貌、地形、地质构造与物理场是其主要的用途。

第二阶段：落（2005—2010年或稍后），即月球软着陆探测与月面巡视勘察。对月球软着陆器及月面巡视车、自动机器人进行研制和发射。为对月球基地的选址提供月面环境、地形、月岩的化学与物理性质等数据，必须试验月球软着陆技术，对着陆区岩石的化学与矿物成份进行探测，并且

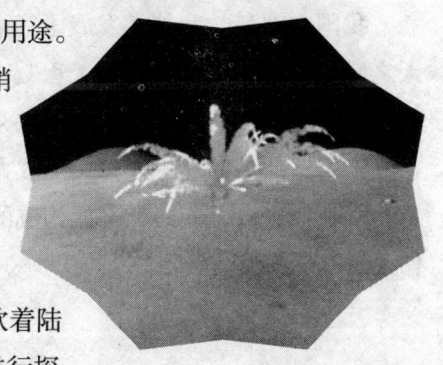

"嫦娥一号"卫星撞月成功

对着陆点的热流、岩石剩磁、月表的环境等进行测定，最后现场探测或采样分析高分辨率摄影和月岩。总结起来，我国月球探测二期工程就是实施第二阶段发展的规划。

"嫦娥二号"传回的影像图

第三阶段：回（2010—2020年或稍后），即月面巡视勘察与取样返回。改进新型月球巡视车，确定月面巡视勘察着陆区。2015年或稍后，对小型采样返回舱、

"嫦娥三期"工程

月表钻岩机、月表采样器、机器臂等进行发射。采集关键性样品返回地面时必须在月面巡视分析取样基础上进行。同时,勘察着陆地区的情况,加深对地、月系统(尤其对月球)的起源的认识。实施第三阶段发展规划,就是进行我国月球探测第三期工程。

⊙ **古今评说**

我国空间科学和技术发展第三个里程碑标志是在发展人造卫星和载人航天之后所研发出来的"嫦娥工程"。嫦娥工程标识图案以中国书法的笔触,抽象地描绘出一轮圆月,中国追求月球探测的终极愿望则描画为一双脚印踏在月轮上,圆弧的起笔处自然形成龙头,象征中国航天如巨龙腾空而起,最后,由一群自由飞翔的和平鸽构成的落笔,表达了中国和平共享太空空间的伟大期望。

二、由卫星到空间站

"东方红一号"：中国发射的第一颗人造卫星

⊙ 拾遗钩沉

1970年4月24日，"东方红"系列人造卫星的首颗卫星"东方红一号"在酒泉卫星发射中心升空发射成功。这标志着中国成为世界上继苏联、美国、法国和日本之后能够独立发射人造卫星的第五个国家。

以钱学森为首任院长的中国空间技术研究院研制出了"东方红一号"，当时总共研制五颗卫星，结果第一颗就成功发射了。"东方红一号"、返回式卫星和同步轨道通信卫星是该院制定的"三星规划"，而当时"东方红一号"卫星的技术负责人则是孙家栋。

东方红一号

⊙ 史实链接

在100℃至-100℃下超短波天线信号传递困难的问题，被党鸿辛等人在1967年使用一种以铜为基础的天线干膜后，成功地解决了。因工程师在卫星上安装了一台模拟演奏《东方红》乐曲的音乐仪器，使得在地球上可从电波中接收到这段音乐，所以就把这颗卫星命名为"东方红一号"。

以火车运输"东方红一号"时，在铁路沿线的每两根电线杆间都有一名荷枪实弹的卫兵守卫。1970年4月24日21时35分，从中国甘肃酒泉卫星发射中心发射升空的"长征一号"运载火箭（CZ-1）载着"东方红一号"卫星，于21时48分进入预定轨道。

进行卫星技术试验、探测电离层和大气层密度是"东方红一号"卫星的主要任务。卫星质量173千克，直径约1米、采用自旋姿态稳定方式的卫星，像一个球形的72面体，其转速为120转/分，外壳表面的材料是按温度控制要求经过处理的铝合金，在球状的主体上，共有四条2米多长的鞭状超短波天线，运载火箭用的分离环则连接底部。运行地球一周的周期为114分钟，飞行轨道近地点为439千米，远地点为2384千米，轨道平面和地球赤道平面倾角为68.5°，其运行轨道为近地椭圆轨道。采用银锌电池作为电源的"东方红一号"卫星不仅装有试验仪器，也可以20.009兆赫的频率发射《东方红》音乐（音乐盒由502所研制）。

"长征一号"即将发射

设计工作寿命为20天（实际工作寿命28天）的"东方红一号"，将各遥测参数和各种太空探测资料传回地面，同年5月14日停止发射信号。

2005年4月21日，当年曾参加设计、研制、生产和管理的航天科技人员被召集到中国空间技术研究院，在北京卫星制造厂即"东方红一号"卫星诞生地为"东方红一号"卫星纪念碑揭幕，纪念碑上的"东方红一号"卫星的1:1模型是制造厂为配合"神舟五号"载人飞船成功发射周年纪念而制作的，现移至北京天文馆展出。

与苏联发射全球的第一颗人造卫星"史普尼克一号"相比，"东方红一号"虽然晚了13年，但苏、美、法、日四国的第一颗卫星质量的总和都比"东方红一号"要小。中国自此正式加入了"太空俱乐部"。钱学森在发射成功后，向中央提出中国应该发展载人航天以及提交发展中国载人航天事业的报告，毛泽东亲笔批示"同意"。

⊙ 古今评说

研制和发射"东方红一号"卫星是以毛泽东同志为核心的党的第一代领导集体作出的伟大决策，同时这也是是广大航天科技工作者自力更生、奋发图强的伟大精神的体现。在"东方红一号"卫星成功发射后,超级大国对航天尖端技术的垄断的现象被打破了,显示了中国人民不畏困难,勇往直前的坚强决心和伟大力量,也使我国在国际上的地位进一步提升。它是"热爱祖国、无私奉献,自力更生、艰苦奋斗,大力协同、勇于登攀"的"两弹一星"精神的体现,也是全国各族人民在现代化建设进程中奋勇开拓的精神写照。

  体现着当时我国的经济、科技、社会和军事能力发展水平的"东方红一号"卫星,成为影响国际关系格局的重要因素,也在增强民族自豪感和凝聚力上起着不可替代的作用。

中国探测试验卫星的历程

⊙ **拾遗钩沉**

在研制卫星的初期,我国就着手发展科学探测与技术试验卫星系列。这既是为了能对航天任务急需的新技术进行先期试验,同时也是为了开展空间环境探测与空间科学研究的实际需要。我国空间技术事业的开端标志是1970年4月24日,"东方红一号"卫星的成功发射。之后科学家愈战愈勇,在科学探测与技术试验领域,研

"实践一号"卫星

制和发射了多颗卫星。我国"实践"系列科学探测与技术试验卫星的初步研制时间是从20世纪70年代至今,先后发射了"实践一号""实践二号""实践四号"以及"实践五号"卫星。

"实践二号"卫星

由于充分利用了各种先进技术,在"东方红一号"卫星发射成功不到一年的时间内,我国就发射了"实践一号"。这是科学探测与技术试验卫星系列中的第一颗卫星,里面装有红外地平仪、太阳角计等探测仪器,帮助我国科学研究者取得了许多环境数据。20世纪80年代初,我国进行了"一箭多星"技术试验,该试验是利用一枚运载火箭将3颗卫星("实践

二号"、"实践二号甲"和"实践二号乙")送上天。其中,探测空间环境、试验太阳电池阵对日定向姿态控制和大容量数据存贮等新技术的任务落在外形为八面棱柱体的"实践二号"身上。此后,我国紧紧把握利用火箭首飞试验的机会,研制和发射了实践四号,这是一颗主要用于地球同步转移轨道上的辐射环境与辐射效应测量的科学技术试验卫星。20世纪90年代末期,我国推出了"实践五号"新一代科学探测与技术试验卫星,这主要是为了让卫星能适应多种不同空间科学和技术试验的更高要求,并提高卫星技术为空间科学研究服务和为国民经济服务的水平。

⊙史实链接

"实践号"系列卫星的发射时间紧密相连。"实践一号"卫星于1971年3月3日成功发射。次年发射了用于空间物理探测的"实践二号"、"实践二号甲"、"实践二号乙"卫星。相隔一年,就是1994年,"实践四号"卫星成功发射,为探测空间环境参数和高能粒子效应做出贡献。到了1999年,中国第一颗采用公用平台思想设计的小型科学实验卫星——"实践五号"卫星成功发射,标志着我国的小卫星研制达到了世界先进水平,为我国小卫星的发展奠定了坚实基础。

中国航天实施的最为成功的计划之一是返回式卫星。我国早在1975年11月26日就成功发射了我国第一颗返回式科学与技术试验卫星。截至2006年,发射的23颗返回式卫星,有高达22颗被成功回收。

我国科学探测与技术试验卫星的重要组成部分是与欧洲合作的空间双星计划。该计划的"双子星座"由发射的两颗分别进入赤道轨道和极地轨道的探测地球磁层空间的卫星组成。这两颗卫星的任务主要是研究太阳活动、行星际磁层空间暴和灾害性地球

第一代返回式遥感卫星

空间天气的物理过程,其运行的区域均为目前国际上地球空间探测卫星尚未覆盖的重要活动区。"探测一号"和"探测二号"卫星与欧洲太空局磁层探测计划(已发射四颗卫星)在两个联合科学探测项目上形成的密切配合的状况,标志着人类历史上对地球空间的六点立体探测的首次实现。

为了探测近地磁尾区的磁层空间暴过程及向阳面磁层顶区太阳风能量向磁层中的传输过程,"探测一号"于2003年12月30日由"长征二号丙"改进型火箭送入地球赤道轨道。次年7月25日,"探测二号"发射进入地球极地轨道。探测电离层粒子向磁层传输的过程,以及太阳风能量和近地磁尾区能量向极区电离层和高层大气的传输过程是其目标任务。

⊙古今评说

21世纪的头10年不仅是我国航天事业的崛起年代,更掀开了世界航天蓬勃发展的新篇章。最初,世界各国发射的卫星多是科学卫星或是技术试验卫星,用来进行空间物理环境探测的卫星就是科学卫星。而与它们不同的是,我国的"实践"系列卫星不仅是技术实验卫星,还是科学探测卫星,也就是把二者的功能结合起来了。这意味着我国航天事业的起点相对较高。根据《中国的航天》政府白皮书阐述的近期和远期的发展目标,我国将以不断提高空间科学探测和实验水平以及空间技术试验的水平为目标,继续发展"实践"卫星系列。

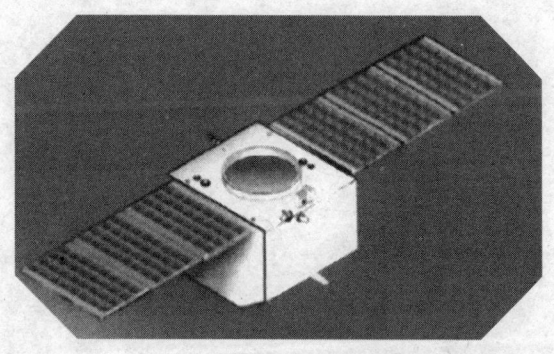

"实践四号"卫星

虽然我国航天事业取得了一定的成就,但在空间科学探测和空间技术方面,仍需作出很大的努力。如在空间科学探测方面,探测仪器的空间分辨率和时间分辨率不够高,空间粒子的成分与能谱探测提高到探测仪器的成像水平还没有达到国际标准;在空间技术方面为新技术试验的服务能力不强,有效载荷比、星上电子系统的集成度较低,这些都是我们的软肋。只有不断努力，进一步提高天地一体化水平，提高遥感科学和遥感操作的水平，才能有效地推动国际合作计划，为我国航天事业的腾飞打好坚实的基础。

不过，在空间科学研究方面，中国的科学实验卫星为其提供了先进的技术手段，无论是地磁场、宇宙线、电离层还是大气密度、太阳X射线、粒子辐射、红外线辐射等方面，我们均能获得第一手探测资料，这就为中国近地空间、日地空间和行星际空间的物理环境、生活环境研究开辟了新领域。

我国应用卫星的发展和应用

⊙拾遗钩沉

为人类社会各个方面服务的卫星称为"应用卫星"。在人造地球卫星系列中，它的种类和发射数量都是最多的。我们可以按两个标准来划分应用卫星的种类。其中，军用卫星、民用卫星和军民两用卫星是按卫星是否专门用于军事目的划分的。而按应用领域这一标准可将其划分为通信卫星、气象卫星、侦察卫星、导航卫星、测地卫星、地球资源卫星和多用途卫星等。发射这种卫星的目的是供地面上实际业务应用。

目前，很多国家使用的地球表面资料是来自美国发射的第一颗和第二颗地球资源卫星拍摄的120万张图片。而现在，在对全国主要经济区域的资源进行了勘测、调查方面，我国也发射了自己的资源卫星、侦察卫星、气象卫星等应用卫星，这些卫星为我国的资源研究调查工作提供了大量的宝贵资料。此外，我国还成功研制出了"侦察卫星""照相侦察卫星"，其专门用于侦察敌方的军事活动；还有用于预报导弹、核武器袭击的"预警卫星"，以及探测核爆炸的"探测卫星"。

应用卫星的主要用途有三点：一是传输电话、电报、电视广播节目和数据。这是装有工作在各种频段的转发器和天线的"无线电信号中继卫星"，原理为通过转发来自地面、海上、空中和低轨道卫星的无线电信号来传输数据；二是可以直接服务于气象、农林、地质、

我国发展的点缀侦查卫星

水利、测绘、海洋、环境污染和军事侦察等方面，属于"对地观测平台卫星"；三是可用作定位、导航和大地测量基准的导航定位基准卫星。

⊙ 史实链接

我国的民用卫星中有许多佼佼者：

（1）资源卫星

这种卫星不仅能通过岩石的光谱特征和地形的类型来识别矿物种类和储量，监视海岸侵蚀，进行地震和火山探测、地理绘图和地质学研究，还能勘察海洋石油等资源。此外，它在环境监测方面的作用也相当大。可对内陆水资源进行调查，从事臭氧层监测。而我国发射的返回式卫星也兼有资源勘测功能，

中国"资源二号"遥感卫星

如分别于1999年和2000年发射成功的由中国和巴西合作研制的"资源一号"和"资源二号"卫星就具有这一功能。

（2）气象卫星

该卫星的基本功能之一是日常气象预报。标志我国进入气象现代化阶段的是于1988年9月7日成功发射的第一颗太阳同步轨道气象卫星"风云一号"，它传回的云图层次丰富、清晰，广受国际专家的好评。而其发送回来的气象卫星资料还可用于数值预报、中长期天气预报和气象科学研究。我国第二颗气象卫星的发射时间是1990年9月3日。到了1997年6月10日，我国又成功地发射了太阳同步轨道气象卫星"风云二号甲"，这一卫星更为先

"风云二号"卫星

进，可用于森林火灾监视及洪涝、农业病虫害、作物产量监测等领域。

（3）地球静止轨道卫星

我国第一代通信卫星是于1988年4月25日发射的"东方红二号"。到1991年，我国共发射4颗这样的卫星，1997年又成功地发射了更先进的"东方红三号"。截至1991年，我国卫星的辐射区域包括西藏、新疆、青海、云南等边远地区，共计有7亿人口可收到由通信卫星转播的中央电视台的节目。除进行电视、电话、广播、电报等业务外，通讯卫星还可以进行跨地区的医疗会诊。目前，我国已建立了国际卫星通信业务，为加强与世界的联系，促进经济发展作出努力。

"东方红三号"卫星

⊙ 古今评说

自1970年4月24日，中国第一颗"东方红"人造地球卫星发射成功以来的40多年间，经过不断的努力与研究，中国成功开发研制出了多种卫星，形成了不同的应用卫星系列，大大提高了卫星的研制水平和制造技术。

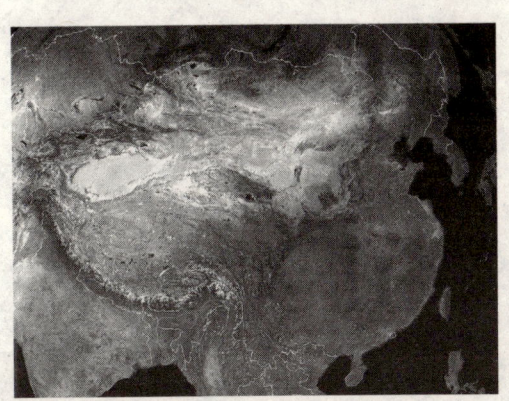

我国卫星勘测的我国地形图

应用卫星最显著的优势当属由其测得的资料无一遗漏，毫无偏差，还可得到发展变化着的、最新的、最可靠的结果。此外，卫星所拍图片经校正后便是地图，每31秒便可以得到一张包括34 225平方千米面积的地图，同样的成品若用高空航空摄影的方法，需2 000张照片才能拼成。

那些1 000万平方千米的地图则需由50万张照片，用几年时间拼成。最重要的是，比起航空摄影等其他摄影方式，卫星勘测是最经济的方式。在对地面进行扫视的过程中，卫星还可以同时收集到多方面的资料，既可用于地质勘探，又可用于地形测量。应用卫星有着巨大的价值。

  根据相关资料显示，我国用"长征"系列运载火箭先后发射的卫星就多达50多颗，其中包括9颗通信广播卫星，2颗气象卫星，2颗导航定位卫星，2颗测量大气密度的气球卫星，10颗国外卫星等。我国科学技术的高速发展水平可在这些成功升空的卫星中窥见一斑。它们不仅标志着我国跨入了世界航天大国的行列，更是促进了我国的国民经济发展和社会进步水平，对提高我国国际地位起着不可忽视的作用。

中国北斗卫星导航系统

⊙**拾遗钩沉**

　　北斗卫星导航系统在空间信息基础设施中的地位是不可替代的。我国向来重视卫星导航系统的建设，不断地努力探索并研发出有自主产权的卫星导航系统。1960年，中国初步开展卫星导航及定位研究，但在"文化大革命"期间严重滞后，其研发工作到1970年才逐步恢复。直到20世纪80年代初，我国才提出重要的突破性方案，名为"双星快速定位系统"。陈芳允院士（863计划的倡导者之一）向科研界首次倡导双星"快速导航系统"（RDSS）的研发计划，国家对此十分重视，1994年

863计划的倡导者之一——陈芳允

批准了该项目,同时为此项目取名为"北斗卫星定位导航系统"。紧接着第一颗导航试验卫星成功完成发射任务,另外两颗导航试验卫星也在2003年完成发射计划。卫星定位导航试验系统轨道组网成功地建立起来。

20世纪初建成的北斗导航试验系统是划时代的突破,使我国在自主卫星导航系统领域在世界上位居第三。该系统应用范围相当广泛,包括测绘、电信、水利、渔业、交通运输、森林防火、减灾救灾和公共安全等,对社会的各方面效益影响都十分重大。特别是在2008年北京奥运会、汶川抗震救灾活动中发挥了重要作用。

⊙史实链接

"北斗"卫星导航系统的目标明确,其建设与发展的重点放在质量、安全、应用、效益,遵循开放性、自主性、兼容性、渐进性的原则。结合我国的国情,科学、合理地确定了自主研制实施"北斗"卫星导航系统建设的"三步走"详细规划:首先是试验阶段,即运用少量卫星和地球同步静止轨道来全面进行试验任务,不仅在"北斗"卫星导航系统建设积累技术经验、培养人才等方面做出贡献,还研制了不少陆地应用基础用具,等等;紧接

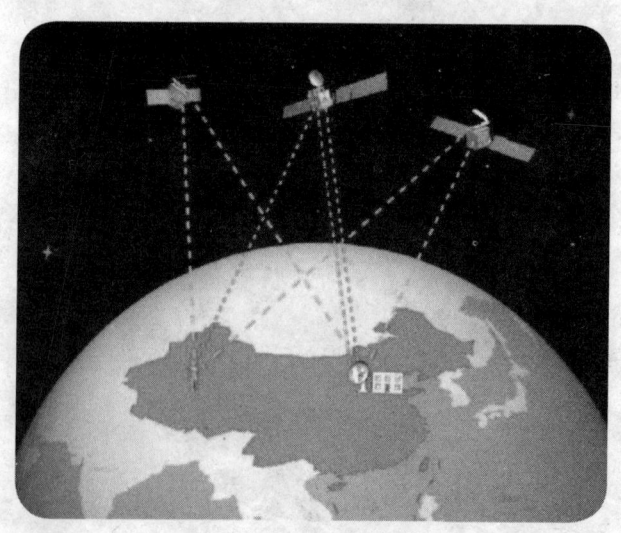

中国"北斗"卫星导航系统

着是2012年的计划：先后发射10多颗卫星，逐步建立起覆盖亚太区域的"北斗"卫星导航定位系统（即"北斗二号"区域系统）；最后是到2020年，建立起由5颗地球静止轨道以及30颗时刻运动的轨道卫星组网，最终完成全球卫星导航系统。

相对GPS，"北斗"卫星航系统有不少创新之处，"北斗"卫星导航定位系统具有明显的区域性，由3颗"北斗"定位卫星、作为地面重要控制部分的1个地面控制中心、"北斗"用户终端这三个互相关联又分工明确的部分组合形成。GPS的定位精度甚至可以精确到几米内，校准之后，"北斗"系统的定位精度能达到20米左右，若不进行校准操作则精度只能达到100米。

随着技术的进步，"北斗"系统的定位精度能达到与GPS相当的水平。对比于GPS，"北斗"系统的双向通讯功能也十分重要，其应用到用户与用户、用户与中心控制系统间，更准确省时地进行数字报文通信。通过"北斗"，一次传递的短信信息字符数目达到120个。因其具备的实用性"北斗"系统在运输业中得到了最为广泛的使用。

⊙ **古今评说**

科研人员指出，"北斗"卫星导航系统相比于GPS系统，在短信服务和导航结合方面做得更好，还添加了不少通讯功能，具体体现在：全天候快速定位，极少的通信盲区，精度与GPS相当，等等。它服务于全世界，其服务还包括无源定位导航和授时等服务，并且用户数量无最大值，还能与GPS并用；对于企业集团用户在大范围监控方面十分有效，最后还体现在无依托不同地域的数据采集用户之间的交流；极具个性的中心节点式定位处理，指挥型用户机的构想，能同时完成不同人物的所在地的准确确认；系统具有高强度加密设计和自主性，安全、可靠、稳定，已经应用到各个重要部门。

不仅如此，中国在航天事业发展"北斗"系统还兼顾军民两方面的考虑。军事方面的应

GPS卫星导航系统

用是其主要方面，附带民用和商业方面的应用。中国寄予"北斗"系统，不管是技术还是应用上，都将缩小与GPS的差距，并最终赶上和超越GPS。

科研人员声称，"北斗"卫星导航系统对全球无私开放，其免费的高质量服务包括了建设、发展和应用等方面，这样不仅在信息上得到进一步的交流，还为各国之间的合作提供了平台，对各卫星导航系统间相互包容，互相促进有很大的作用，为卫星导航技术和相关事务的发展增添了美妙的一笔。

"神舟一号"：铿锵起步，打破常规搞试验

⊙ 拾遗钩沉

中国载人航天计划中第一艘无人实验飞船为"神舟一号"，1999年11月20日凌晨6点飞船在酒泉航天发射场发射升空。由在"长征-2F"捆绑式火箭的基础上改进研制的"长征二号F"载人航天火箭承担发射任务。点火发射10分钟后，飞船和火箭分离，正确地进入预定轨道。飞船入轨后，跟踪测控在地面的各测控中心和分布在太平洋、印度洋上的测量船上分别进行，同时，还测试飞船内的生命保障系统、姿态控制系统等。

⊙ 史实链接

1999年11月20日6时30分7秒为"神舟一号"的发射时间，返回时间是1999年11月21日3时41分。

发射火箭是新型的"长征二号F"捆绑式火箭，这是"长征"系列运载火箭的第59次发射飞行，也是最近3年连续17次获得成功的发射。

进入轨道，飞船所需要的飞行时间：在火箭开始起飞约10分钟，飞船与火箭分离，进入预定轨道。

搭载物品一是旗类，中国国旗、澳门特别行政区区旗、

新型"长征二号F"捆绑式火箭

奥运会会旗等；二是各种邮票及纪念封；三是农作物种子，包括各10克左右的青椒、西瓜、玉米、大麦等，此外还有中药材甘草、板蓝根等。

在技术厂房对飞船、火箭联合体进行垂直总装与测试后，星箭整体垂直运输至发射场，远距离测试发射控制的新模式在这次发射中被首次采用了。我国在原有的航天测控网基础上建立的符合国际标准体制的陆海基航天测控网也首次在这次发射试验中投入使用。在轨道运行期间，飞船的地面测控系统和分布于公海的4艘"远望号"测量船对其进行了跟踪与测控，成功完成了一系列科学试验任务。

试验过程中，"神舟一号"飞船的运载火箭和试验飞船性能良好，测试飞行动作十分准确，主要关键技术获得了突破性进展；发射场设施设备和"三垂"测发模式在实战中经受住了考核；新建的载人航天测控通信网在工作中能够协调进行，正确地对数据进行处理，指挥、控制无误；测试了迅捷高效的着陆场系统；初步确立了载人航天发射组织指挥关系并正常运转。试验结果表明，已经达到了第一次飞行试验的各项目的，为载人航天工程后续任务打下了良好的技术基础。

当然，这是首次飞行试验，与有人飞船飞行试验相比存在着一定的技术距离，例如：增加的火箭逃逸系统和故障检测系统，是为提高航天员安全，但是这两个系统虽参加了任务，却不具备逃逸功能；飞船13个分系统中参加试验的有九个分系统，有效载荷、乘员、仪表照明三个分系统中只有部分设备参加了试验，应急救生分系统是涉及航天员安全的系统，但是没有参加试验；航天员系统和飞船应用系统除个别设备参加试验外，其中绝大部分设备是工艺件，并且不加电工作；着陆场系统未启用到着陆场。本次试验的技术状态与有人飞船存在着一段距离，严格把好有人飞船正样技术状态，进一步完善各系统的技术方案是下一步的主要技术工作。

"神舟一号"飞船

⊙ **古今评说**

　　中国载人航天工程的首次飞行是"神舟一号"飞船的飞行，它是中国在载人航天飞行技术上重大突破的标志，中国发展载人航天事业因此而迈出了具有历史意义的一步。

二、由卫星到空间站

"神舟五号"首次载人飞行

⊙ 拾遗钩沉

"神舟五号"载人飞船是中国"神舟"系列飞船之一，于2003年10月15日将航天员杨利伟送入太空。它是我国在无人飞船的基础上研制的第一艘载人飞船，也是中国首次发射的载人航天飞行器。"神舟五号"载人飞船的成功发射标志着中国成为继苏联（现为俄罗斯）和美国之后，第三个有能力独自将人送上太空的国家。

"神舟五号"飞船

"神舟五号"飞船载有一名航天员，他就是我国登入太空第一人杨利伟。"神舟五号"飞船在轨道运行了一天，除了为航天员提供必要的生活和工作条件之外，还承担起将航天员的生理数据、电视图像发送回地面，并确保航天员安全返回地球的任务。轨道舱是飞船进入轨道后航天员工作、生活的场所。"神舟五号"飞船轨道舱的外形为圆柱形，轨道舱两侧安装了太阳能电池翼，尾部安装4组推进发动机，为飞船提供辅助推力和轨道舱分离后继续运动的能力。轨道舱留轨利用是中国飞船的一大特色，俄罗斯和美国飞船的轨道舱和返回舱分离后，一般是废弃不用的。在返回舱返回地球后，轨道舱继续留在轨道上工作，时间为半年，相当于一颗对地观察卫星或太空实验室。

⊙ 史实链接

从1999至2003年，我国先后成功地发射了四艘无人飞船和一艘载人飞船,突破了我国载人飞船再入升力控制、应急救生、软着陆、GNC故障诊断等13项关键技术。

2003年10月15日9时,负载着"神舟五号"的"长征2F"火箭在中国酒泉卫星发射中心发射,此次是"长征"系列运载火箭的第71次飞行。9时10分,"神舟五号"载人飞船实现了船箭分离,飞船准确进入预定轨道,发射成功,航天员杨利伟成了浩瀚太空迎来的第一位中国访客。之后飞船以平均每90分钟绕地球一圈的速度飞行。环绕地球14圈后,在内蒙古中部阿木古朗草原地区安全着陆。

本次飞行任务由一名航天员担任指令长兼驾驶员,飞行期间航天员在不进入轨道舱的前提下,按照预先规定的程序和地面指挥,手动补发船箭分离、帆板展开、推返分离等指令,完成对飞船状态监视、人体血压测量、摄影摄像等工作。我国早在多年前就开始对航天员的选拔、训练工作,2003年6月优选出6名预备航天员进行强化训练,9月确定首次载人飞行三人航天员梯队。在"神舟五号"载人飞船发射前16小时,才从首飞梯队中,选优确定了首飞航天员杨利伟,在发射前约2小时45分,航天员进入"神舟五号"载人飞船。

"神舟五号"载人航天飞行由轨道舱、返回舱、推进舱和附加段四个部分组成,"三舱一段"的结构与总体方式具有鲜明的中国特色。它的主要任务是全面考核载人环境和工程各系统工作性能,获取航天员空间生活环境和安全的有关数据。"神舟五号"载人飞船首次增加了故障自动检测系统和逃逸系统,一旦发生危险立即自动报警。即使在飞船升空之后,也能通过逃逸火箭脱离险境。飞船的手动控制功能和环境控制与生命保障分系统是航天员安全的重要保障。除了中国飞天第一人杨利伟外,"神舟五号"载人飞船返回舱内还搭载有一面中国国旗、一面北京2008年奥运会会徽旗、一面联合

从太空返回的杨利伟

国国旗、人民币主币票样和来自祖国宝岛台湾的农作物种子等。

⊙古今评说

中国的载人航天工程起步较晚，美国与苏联早在20世纪六七十年代就致力于研究飞船并实现了载人航天。但我国的载人航天工程成就是令人瞩目的，"神舟五号"载人飞船一步迈过美苏的40年发展历程，实现了跨越式的发展。此外，我国"神舟"飞船的起飞质量和座舱最大直径，都远远大于美国"水星号"和苏联"东方号"。

在党中央、中央军委的领导下，作为我国高技术领域的跨世纪工程，"神舟"飞船总体性能优越，达到了20世纪90年代国际先进水平。神舟飞船起点高，一步到位，智能化程度较高。"神舟五号"飞船载人航天飞行实现了中华民族千年飞天的愿望，是中国航天事业在新世纪的一座新的里程碑。

"神舟七号"：太空行走第一步

⊙拾遗钩沉

"神舟七号"飞船是中国第三个载人航天器，是中国"神舟"系列飞船之一，实现了中国历史上第一次太空漫步，令中国成为第三个有能力把太空人送上太空并进行太空漫步的国家，标志着中国航天事业的又一个全新的开始。

"神舟七号"飞船

"神舟七号"飞船全长9.19米，质量达12吨。"长征2F"运载火箭和逃逸塔组合体整体高达58.3米将近20层楼的高度。"神舟七号"飞船由轨道舱、返回舱和推进舱构成。三个舱段可分别独立工作，满足生活、返航、动力三大基本功能。其中，轨道舱作为航天员的工作和生活舱，以及出舱时的气闸舱，内部还提供了睡袋、食品加热、个人生活用品和个人卫生装置等生活设施，顶部装配有一颗伴飞小卫星和五个复压气瓶。返回舱是飞船的指挥控制中心，与轨道舱相连，装有用以返回着陆的降落伞和反推力火箭，实行软着陆，是用于返回地球的舱段。推进舱装有推进系统，以及一部分的电源、环境控制和通讯系统，装有一对太阳能电池板。

从"神舟五号"到"神舟七号"，在短短的5年的时间里，中国载人航天工程完成了从首次问天到太空漫步的跨越。大漠深处的酒泉卫星航天发射场，见证了"神舟"系列飞船每一次壮丽的起飞，而这次"神舟七号"的第三次载人飞行，是中国人共同拥有的永恒记忆，创造了航天事业的一个新时代。

⊙ 史实链接

从1999年"神舟一号"无人飞船首访太空到2005年费俊龙、聂海胜乘坐"神舟六号"携手问天，6年的历程镌刻下了中国人六次完美的脚步。中国航天员走出飞船舱门迈进太空的第一步，意味着发射、返回、测控、环境控制等各个关键技术环节难关已被一一攻克，见证了中国航天人前进中发展、探索中追求的不懈脚步。

"神舟七号"载人飞船的科研单位为中国空间技术研究院和上海航天技术研究院。2008年9月25日21点10分04秒，在中国酒泉卫星发射中心载人航天发射场，"神舟七号"搭载"长征二号F"火箭顺利发射升空，在飞行2天20小时27分钟之后，于28日17点成功着陆于中国内蒙古四子王旗主着陆场。

"神舟七号"载人飞船搭载三名宇航员，分别为翟志刚、刘伯明和景海鹏，其中翟志刚为指令长。翟志刚出舱作业，刘伯明在轨道舱内协助。翟志刚实现了中国历史上第一次的太空漫步。由于"神舟七号"载人飞船对航天员的生命保障系统、出舱设备、结构气密性要求更高，因此在航天员的挑选上更是精挑细选。

"神州七号"载人飞船每一个部件都需要经过复杂的工作周期，要求攻克和掌握出舱活动相关技术。为减少重量，包括承重的结构性部件在内，"神舟"系列飞船大部分使用的是复合型材料。"神舟七号"载人飞船登上太空的主要任务是实现中国人的首次太空行走以及进行科学实验，包括在太空中进行固体润滑材料和太阳能电池极板舱外暴露试验，由航天员把材料取回轨道舱。科学家将通过研究，寻找进一步提高材料性能和寿命的方法。"神舟七号"飞行首次开展了航天器平台在轨释放伴

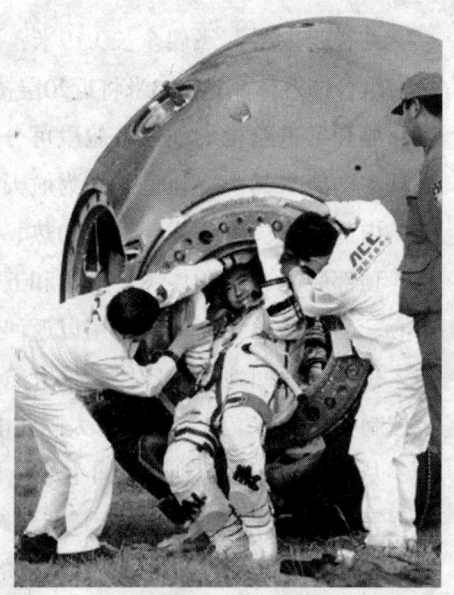

"神舟七号"载人航天飞船成功返回地面

星，以及卫星的伴随飞行试验，检验飞船对两个卫星进行相对运动控制的能力，检验地面测控网对两个目标相对运动的测控能力，为中国建立天地测控网奠定良好的基础，大大提高了测控网的覆盖率和效率。

⊙古今评说

"神舟七号"载人航天飞行任务取得圆满成功，为载人航天今后从事交会对接奠定了良好的基础。中国人的足迹第一次印在了茫茫太空上。多个国家的航天专家、宇航员和航天机构对我国"神舟七号"载人航天飞船圆满完成飞行任务予以积极评价，认为这将会改变国际空间技术合作的格局，并期待中国成为太空领域国际合作的重要伙伴。

中国航天员在太空留下的"第一步"是中国航天史上的一大步。

"天宫一号"：中国第一个目标飞行器和空间实验室

⊙拾遗钩沉

"天宫一号"是中国第一个目标飞行器和空间实验室，是中国为下一步建造空间站而研制的实验性空间目标飞行器，实际上就是空间实验站的雏型。"天宫一号"于酒泉卫星发射中心的成功发射标志着中国迈入中国航天"三步走"战略的第二步。

"天宫一号"目标飞行器

"天宫一号"名称的由来，是寄望宇航员们在太空的空间站能与宫殿一样舒适。我国自古以来把天上的宫殿称为天宫，这使人容易联想到孙悟空大闹天宫的典故，以"天宫一号"为目标飞行器命名，容易引起中国人的共鸣。

"天宫一号"采用的是两舱结构，分别是实验舱和资源舱。实验舱本体分为前锥段、圆柱段和后锥段；密封的前锥段和圆柱段可容纳3名航天员生活，为航天员在太空的短期驻留提供在轨生活工作空间。实验舱的科学设备齐全，不仅在后锥段安装再生生保设备，在前锥段前部装有空间交会对接设备。资源舱则包括发动机和电源装置等，外部安置太阳翼，用于提供轨道与姿态控制、电

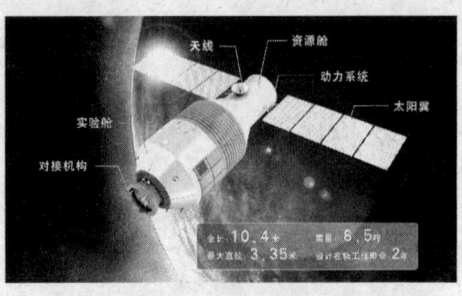

"天宫一号"结构示意图

力能源供应、热控环控。"天宫一号"目标飞行器使用折叠式的五片太阳能电池板，这是中国中低轨道航天器中最复杂的太阳翼设计，它的应用是中国航天技术发展的写照。

⊙史实链接

"天宫一号"由"长征二号"运载火箭于2011年9月29日21时16分3秒在酒泉卫星发射中心发射，飞行器全长10.4米，最大直径3.35米，质量约8.5吨，由实验舱和资源舱构成。2011年11月3日凌晨实现与"神舟八号"飞船的对接任务。2012年6月18日14时与"神舟九号"对接成功。按照计划，"神舟十号"飞船也将在接下来的时间里与"天宫一号"完成交会对接任务，从而在太空建立第一个中国空间实验室。

"天宫一号"中的航天员生活必需品和工作所需的材料、设备均由"神舟"载人飞船运送。"神州"载人飞船停靠在实验室外边，作为"天宫一号"实验室的应急救生飞船。如果"天宫一号"发生故障，"神舟"载人飞船可随时搭载航天员返回地面。航天员在"天宫一号"的实验室完成工作后，乘飞船返回地球。

"天宫一号"由"长征2F"火箭发射，轨道高度约400千米，轨道倾角约42°～43°，属于低轨航天器。主要任务是作为空间交会对接目标，完成空间交会对接飞行试验；验证天地往返运输飞船的性能和功能。此外，"天宫一号"还将突破航天员中期驻留、飞行器长期在轨自主飞行、再生式生命保障和货运飞船补加等关键技术，保障航天员在轨短期驻留期间安全的工作和生活。"天宫一号"同时初步建立能够短期载人、长期无人独立可靠运行的空间试验平台。因此，以"神舟七号"为起点的空间站建

天宫一号发射

设,将为中国空间科学研究带来更大的舞台。

在寿命、对接口等方面,"天宫一号"不同于其他国家的空间站。首先,试验性空间站在轨寿命通常低于5年,其他国家空间站的使用寿命能够达5~10年或者更长的时间。其次,与其他国家的空间站相比,"天宫一号"试验性空间站的规模较小,对接口也少,没有扩展能力,不能同时对接载人运输器、货物运输器或专用实验舱。此外,试验性空间站上的航天员单次在轨时间一般是几十天,时间较短,其他空间站上的航天员在轨时间大多为百天以上。虽然与其他国家相比,我国"天宫一号"空间站存着许多的不足之处,但它毕竟只是一个试验性空间站。在吸取"天宫一号"经验的基础上,我国将建设更为完善的中国空间站,促进航天事业的发展。

⊙古今评说

"天宫一号"属于航天发射第二步,即承担空间实验室阶段任务,肩负着为中国2020年左右建立空间站奠定技术基础的重任。"天宫一号"对于我国航天事业发展意义非凡,它使中国人的飞天梦想继续延伸、拓展,也代表了中国愈加宏伟的民族抱负与科技理想。

"天宫一号"与国外试验性空间站在功能和用途方面有相似之处,但质量较小,约为8吨,而国外试验性空间站都为20吨级以上,因此可称其为简易的"空间实验室"。

"神舟"与"天宫"之吻

⊙拾遗钩沉

  航天器交会对接包括四方面的内容：远距离引导阶段，追踪航天器在地面控制中心的操纵下，进入追踪航天器上的敏感器能捕获目标航天器的范围；近距离引导阶段，追踪航天器根据自身的微波和激光敏感器，自动引导到向目标航天器附近瞄准目标；最后的靠近阶段，由此开始最后不断靠近。追踪航天器首先要捕获目标的对接轴，当对接轴线不再沿轨道飞行方向时，要求追踪航天器在轨道平面外进行围绕飞行然后逐步接近对接走廊；逐步对接接近阶段，追踪航天器沿对接走廊向目标最后逼近，最后两个航天器在空间上实现硬连接，并完成信息连接，其包括三个方面：传输总线、电源线和流体管线。

  手控交会对接技术是航天事业发展的一大突破，也是飞行设施的首要检验内容。除此以外，重新彻底地对目标飞行器保障支持航天员生活工作的功能进行检查；检查组合体管理技术，实现地面向在轨飞行器进行人员和物资来回多次填充和输送，对航天医学实验及有关关键技术试验的开展起到积极的作用。

  各国在外太空进行航天器交接的次数已多达300次以上。世界上第一次真人交接是在1965年由美国实现的。2011年11月3日凌晨，"神舟八号"飞船与"天宫一号"完成了中国首次外太空交接。第二

"天宫一号"在轨道上飞行

年,"神舟九号"飞船与"天宫一号"实现中国第二次在太空的交会对接,这是中国首次有人控制的交会对接。

⊙史实链接

通过捕获、缓冲、拉近、锁紧四个步骤,"神舟八号"飞船与"天宫一号"目标飞行器于2011年11月3日凌晨完成对接任务,出现成功的组合体,中国载人航天第一次完美地完成对接任务。

"神舟八号"与"天宫一号"成功对接

搭载有三名航天员的"神舟九号"飞船于16日成功按照计划进入太空。基于先前的飞行计划,飞船与"天宫一号"目标飞行器两次交会对接将在轨飞行的10余天内完成,经过首次自动交会对接后再让航天员手动调整来实施。

2012年6月18日,经过捕获、缓冲、拉近以及锁紧程序后,"神舟九号"终于在14时与"天宫一号"完成对接,中国首次载人交会对接任务胜利完成。在航天员对接完成以及两飞行器良好完成对接后,在17时22分,进入"天宫一号"飞行器。

按照整个发射计划,"神舟九号"对接"天宫一号"的任务顺利完成后,航天员利用地球上的指挥与支持,在进入"天宫一号"的实验舱之前逐个打开舱门。

目标飞行器在飞行过程中控制着组合体完成组合后的飞行,并对停靠的飞船进行调控。三名航天员的生活工作都可以在目标飞行器舱内完成,

刚刚发射的"神舟九号"

"神舟九号"和"天宫一号"对接后的内部结构示意

包括就餐、科学实验、技术试验、锻炼和休息。

一段时间后,三名航天员回到飞船,将目标飞行器舱体各个阶段的门关上。飞船自动远离到目标飞行器400米的地方,接着对飞行器进行有计划的接近,并在航天员主动控制之前停留在140米处。

航天员紧接着用平移和手控方式来对准飞行器,使飞船慢慢靠近目标飞行器,最后达到对接结构契合,手控调整完成对接。3名航天员又一次进入"天宫一号"的任务。

航天员回到返回舱,是在飞船返回前。先控制两个飞行器分离,飞船在航天员的控制下远离到达140米处,再把飞船调整为自主控制状态,再次撤离至5千米外的无危险距离。

经过上述准备,飞船可以顺利回归地面。地面工作人员及时完成航天器搜寻和急救程序;目标飞行器改变运行轨道至370千米的自主飞行轨道,变换成长期在轨运行模式。

2013年6月11日,"神舟十号"先后完成升空、进入预定轨道以及与"天宫一号"的首次交会对接。这是中国迄今为止外太空运行时间最长的飞行,三名航天员在太空工作生活时间长达15天。"神舟十号"飞船除了与"天宫一号"进行自动交会对接、航天员也手控交会对接了一次。

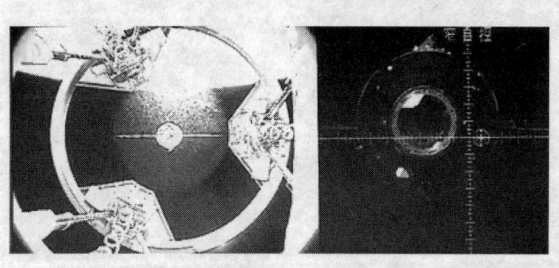

手控对接时的情景

⊙**古今评说**

与之前几次的航天飞行相比,"神舟九号""神舟十号"飞行不但有年长有经验的航天员参加,也有年轻充满活力的航天员,而且加入了女性成员,具有突破性。

科研人员透露,"神舟九号"是第一次顺利完成我国手控对接任务的。显现了我国载人航天不断发展乃至逐渐成熟。"神舟九号"是我国航天器对接实现从机器自动对接到到人工手控的一次突破。

我国首位女航天员——刘洋

中国空间站展望

⊙拾遗钩沉

中国计划于2020年左右建成的空间站，将成为中国空间科学和新技术研究实验的重要基地，在轨运营10年以上。中国空间站的建成将促进中国空间科学研究进入世界先进行列，为人类文明发展进步作出贡献。

空间站的想象图

近年来，中国载人航天工程的快速发展，已进入探索科学前沿、开发空间资源、造福人类社会的新阶段。中国载人航天工程第三步是进行中国空间站的建设。空间站的建设初期将建造三个舱段，包括一个核心舱和两个实验舱，每个舱段规模为20多吨。舱段基本构型为T字形，其中，核心舱居中，实验舱Ⅰ和实验舱Ⅱ分别连接于两侧。核心舱前端设两个对接口，接纳载人太空船对接和停靠；后端设后向对接口，用于货运飞船停靠补给。设置用于航天员出舱等气闸舱，并配置机械臂用于辅助对接、补给、出舱和科学实验。空间站建设好之后，将进入空间站运营期间，最多的时候达到有一艘货运飞船、两艘载人飞船分别停靠。空间站在运行期间也需要大运载能力的货运飞船来回运输大量物资，20吨以上有效运载能力的火箭才有资格发射核心舱。核心舱由大型运载火箭"长征五号B"发射；货运飞船和载人飞船则由中型运载火箭"长征七号"发射。整个系统加起来将达90多吨。2020年中国空间站全面建成后，将随即投入正常运营，可以根据科学研究的需要增加新的舱段，扩展规模和应用能力，用来开展科学研究和太空实验，促进中国乃至世界航天事业的发展。

⊙史实链接

太空是继陆地、海洋、天空外，人类开拓的第四空间，世界各国十分重视对太空空间的开发。近年来，随着我国载人航天飞船的顺利升空，我国航天事业正在缩小与美国等发达国家的差距。中国载人航天工程自1992年启动以来，先后突破天地往返、空间出舱、交会对接等关键技术，空间应用也一直与火箭、飞船等系统的发展同步进行。因此，已经具备建设中国空间站的能力。建造空间站有许多技术难题要突破，中国空间站在研发上面临很多技术上的挑战，但这并不影响中国空间站的建设和发展。中国航天技术人员将以更先进的控制技术、能源技术、再生技术，将空间站打造成节能典范，为航天员的生活、工作、实验提供良好的条件。为了保证满足空间科学研究的需要，航天技术人员将致力于利用最新的科技成果，提高空间站对人的保障能力；掌握更好的控制技术，进一步提升空间站的姿态稳定度、微引力水平。

"天宫一号"在整个载人航天工程中主要承担着两项重要使命：一是突破交会对接技术和组合体控制技术；二是作为空间实验室的雏形，验证空间站关键技术，为将来空间站的建设打基础。在未来，如果中国空间站要进行长期运营的策略，就需要考虑经济成本问题。空间站拟按长期载三人状态设计，运营阶段每半年由载人飞船实施人员轮换，而初期将采用人员间断访问方式。因此，需要解决空间站大规模的供电能力、物资循环利用率，在减少地面补给需要的前提下，实现资源再利用，提高空间站的再生技术。空间站会更重视利用太阳能发电，进一步提高太阳电池发电效率，提高储能电池效率及寿命、可靠

宇航员太空行走

性和安全性。考虑到当前需求和耗费等因素,中国现在不能建设像国际空间站这么大规模的空间站,因此中国空间站的建造规模是适中,以能够满足重大科学研究项目的需要为原则。而扩展能力的设计将使我们能根据科学前沿的发展需求,提供更为强大的支持能力。

⊙古今评说

2020年中国空间站建成后,将开展科学研究和太空实验,促进中国空间科学研究进入世界先进行列,为人类文明发展进步作出贡献。

中国将建造有中国特色、时代特征的空间站,采用与时代同步的技术。中国的空间站也将会为全球科学家提供科学研究和实验机会,满足最新最近的空间探索及空间资源利用等科研需要。

中国对太空资源的开发

⊙ **拾遗钩沉**

　　宇宙空间资源十分丰富，其中最重要的是轨道资源、环境资源和矿物资源。人类要利用这些资源来改善生活，而太空资源相对于人类需求是无穷无尽的。

　　在人类对科学研究付出努力的前提下，航天技术不断发展和成熟，60年前苏联成功地发射了卫星，是人类历史上探索太空的一次突破。对我们生活有意义的太空资源将越来越成为我们生活的重要部分。中国逐步意识到其重要性，在国家建设规划中将航天事业列入重要地位。《国家中长期科学技术发展纲领》、国家"863"科技发展计划都认同航天事业的优先发展。中国政府在2000年发表的《中国的航天》白皮书中，强调要着重开发利用太空资

苏联发射的第一颗人造卫星

源，提高国民经济建设水平。中国政府对未来十年的航天技术发展有一个长期的计划：

一是长期对卫星进行固定的监测。即对小卫星群体进行长期有计划的稳定监测，其中包括对气象卫星系列、资源卫星系列、海洋卫星系列和环境卫星系列的监测，以保证对重要地区及周边地区甚至全球的陆地、大气、海洋的全方位实时监控。

二是形成自我运行的卫星广播通信系统，充分提高商用广播通信卫星的先进水平，通过开发长寿命、高可靠的大容量地球静止轨道通信卫星和电视直播卫星，开辟中国卫星通信产业。

三是真正实施导航定位系统的开发。分步建立导航定位卫星系列，开发卫星导航定位系统，初步建立中国的卫星导航定位实用事业。

⊙ 史实链接

载人航天工程的空间应用系统自"神舟一号"的发射，至今已经进行了很多次试验。对地遥感的研究，是在2002年发射的"神舟三号"飞船上开展的，取得的成就也是有目共睹的，在环境卫星和资源勘探卫星上都有所体现。2008年发射的"神舟七号"上，科研人员进行了空间技术试验、伴随飞行的小卫星试验，还包括"固体润滑材料空间试验"在内的空间材料试验。2011年发射的"天宫一号"目标飞行器设计了多个方面的研究内容，包括地形环境监测、空间材料科学实验和空间环境

装有固体润滑材料空间试验样品的"神舟七号"返回舱

探测实验。除此之外，在空间材料生产上，返回式卫星上生长出掺碲砷化镓单晶体，是我国在航天事业上的一大突破性研究成果，其生长速度比地面快，杂质含量却要少得多，分布也更加均匀。用太空条件下生产的材料加工其他成品，具有性能上的优越性，噪声系数可以降低31%，相关增益高23%，凸显了空间生长单晶的优越的应用前景。这个实验使中国在大功率微波元器件和大规模集成电路应用方面具备跨越性发展的条件。

在生命科学研究上也屡见成果，空间活动十分多样。包括细胞培养、蛋白质晶体生长、空间育种等。有例子可以证明：我国科学家发现空间飞行后的纤维素霉和葡萄糖苷酶活力提高28%以上，黑曲霉糖化力和葡萄糖苷酶活力提高80%以上，其稳定性可长达3年。还有一种新的饲料被发明，用其对梅花鹿等动物进行饲喂试验，其降低病痛的能力大大升高，鹿茸产量增加16%。经过空间飞行的酵母菌，获得了诱变株酶活力可增加到29%，发酵周期缩短8~10天，在啤酒业也有一定的发展前景。

⊙古今评说

根据相关航天事业发展计划，在"十二五"期间，我国即将完成的卫星发射任务多达30颗、15类，包括通信卫星、导航卫星、气象卫星、资源卫星、海洋卫星、环境与灾害监测卫星、天文卫星、空间探测卫星。

周建平作为我国载人航天工程总设计师，明确表明中国载人航天工程资源开发的根本目的具有和平性，太空资源归属于人类，有助于人类。载人航天工程空间应用系统副总设计师的张善从则这样说，"天宫一号"上用于地球环境监测等各方面的高科技应用，其实与老百姓的日常生活息息相关。

不仅如此，有关部门负责人还表示，在开发利用太空环境资源这些方面，返回式卫星和"神

中国准备发射的返回式卫星

舟"飞船将成为中国开展太空研究的主要载体。因此在中国载人航天计划中，将太空资源开发利用研究和载人航天的有关效益工程相联接。"神舟"飞船开展大规模的各种生命高科技研究，将开创中国太空资源开发利用研究的新纪元，为我们的明天增光添彩。

二、由卫星到空间站

三、中国航天英雄

万户——人类文明史上第一个尝试用火箭飞天的人

⊙拾遗钩沉

人类史上第一个有记载的尝试用火箭飞天的人是中国明朝的士大夫万户。美国火箭专家基姆曾写道:"14世纪晚期左右,中国有一名叫万户的官吏,他将自己捆绑在一把座椅上面,两手各执一个大风筝,座椅背后装上47支当时能买到的最大的火箭,然后命令仆人同时点燃47支火箭,想借火箭向前推进和风筝上升的力量升空。但事与愿违,火箭发生爆炸,万户也为此献

万户

出了生命。"" 万户飞天"一事的来源在基姆的书中并没有提起。清华大学的教授率先将其翻译为中文，后来"万户飞天"的故事就以各种各样的形式被广泛引用。在俄、德、英等国的火箭专家专著中，也提到了此事。20世纪70年代的国际天文联合会上，世界科学家将月球上的一座环形山命名为"万户"，以此来纪念"第一个试图利用火箭作飞行的人"——万户。

⊙**史实链接**

　　古代的火箭是将火药装在一个纸筒里，然后点燃发射出去，起初只是百

人类首次"乘火箭"

姓过年过节时放烟火使用，是我们中华民族率先发明的。到了13世纪，人们开始把这种火箭引入战争当作武器使用，之后传入欧洲。

　　目前，能把人送上太空的只有火箭。最早尝试利用火箭飞天的是600年前的万户。西方学者考证，万户能考虑到利用风筝上升的力量，由火箭助推飞向天空，具有非凡的想象力。

　　关于万户飞天，其背后还有一些鲜为人知的故事。

据说,万户原本是一名木匠,喜欢钻研技术,从军之后,不少刀枪车船都是由他改进的,在同瓦剌军的战事中曾建立了功劳,受到明朝大将班背的青睐。班背让万户在兵器局供职,两人成为很好的朋友。班背是一个性情耿直、从不趋炎附势的人,因而得罪了朝中的右中郎李广太等一班贪官佞臣,不但被革职,而且还被幽禁在拒马河上游深山的鬼谷中。

朱元璋的第四个儿子燕王朱棣,一心想继位当皇帝。他一方面巴结朝中大臣,网罗党羽,扩充兵力;另一方面则搜罗各种奇特技艺,想献给父亲朱元璋。李广太为了投燕王所好,知道万户与班背是共同造飞鸟的伙伴,就对万户软硬兼施,想让他制造飞龙,讨皇帝的欢心。万户表面上假装同意帮李广太造飞龙,其实是想趁机营救被幽禁的班背,同时也完成自己造飞鸟的愿望。

万户前去鬼谷与班背会合,不料晚了一步,原来班背早已被瓦剌军所害,这是李广太暗中给瓦剌军通风报信的结果。被行刺前,班背见势不好,命令他的随从带着他的著作《火箭书》先逃走了。悲痛万分的万户决心造出飞鸟,来实现班背的遗愿,以告祭他的在天之灵。万户仔细阅读了班背留下来的《火箭书》,成功造出了各种不同样式的火箭,自己又画出飞鸟的图型,命令众匠人按照图纸制造飞鸟。试飞时,飞鸟被放置在山头上,万户拿着风筝坐在鸟背上。先点燃飞鸟鸟尾的引线,火箭开始喷火,"倏"的一声飞鸟离开山头向前飞去,之后就两脚喷火,冲向半空。不久,火光消失,只见万户连同飞鸟翻滚着摔在山脚之下……

⊙古今评说

万户是世界上第一个企图利用火箭飞向天空的英雄。虽然他的尝试失败了,但他欲借助火箭推力升空的创举却是世界第一人,因此他也被世界公认为"真正的航天始祖"。为了纪念他,科学家们将月球上的一座环形火山命名为"万户山",以此来表达对他的崇敬之情。虽然在今天看来,万户的想法和举动似乎很可笑,但是在那个时代却是极富创造性的,他的基本思路和勇敢精神受到后世人们的肯定和敬仰,因为他考虑到以火箭作推力升空,又以风筝来作为安全降落的工具,是史无前例的。

苏联的两位火箭学家在他们的著作中说:"中国人不仅是火箭的发明者,而且也是首先幻想利用固体燃料火箭将人载到空中的先行者。"

英国火箭专家也曾说过:"万户的事迹是早期火箭史中一件有趣而重大的事件。"

德国火箭学家也说:"公元1500年左右,万户在发明并试验一种火箭飞行器时,壮烈地自我牺牲了。"

中国嫦娥工程总指挥：栾恩杰

⊙拾海钩沉

栾恩杰已在航天领域耕耘近40载。2004年，他出名了，这缘于他的一个闪亮身份———中国探月工程总指挥，他统领着整个探月团队。

2007年10月24日，经历了35年的漫长准备，10年艰苦论证和3年半紧张实施，"嫦娥一号"月球探测卫星承载着中华民族千年的奔月梦想，在西昌卫星发射中心由"长征三号甲"运载火箭发射升空，运行在距月球表面200千米的圆形极轨道上，并在随后的几天内成功执行了既定的科学探测任务。

"嫦娥一号"探月标志着中国首次月球探测工程取得圆满成功。它通过对月球进行的16个月全球性、整体性和综合性探测，超额完成科学目标的任务，取得海量的科学探测数据，无偿提供给国内外科学家应用研究。这一壮举也标志着我国成功进入有能力独自进行探月研究的强国之列！

栾恩杰

⊙史实链接

早在1994年，我国航天科技工作者就进行了探月活动必要性和可行性研究。经过长期准备，中国的探月计划于2004年1月正式立项，被称作"嫦娥工程"。该工程主要集中在绕月探测、月球三维影像分析、月球有用元素和物质类型的全球含量与分布调查、月壤厚度探查以及地月空间环境探测。作为中国嫦娥工程总指挥，栾恩杰清楚地记得工程被批复的那一天，他以自己最惯用的情感表达方式，用一首诗记下了那一瞬间的兴奋与感慨："地球耕耘六万载，嫦娥思乡五千年。残壁遗训催思奋，虚度花甲无滋味。"

"嫦娥二号"发射升空

2010年10月1日18时59分，"嫦娥二号"在西昌卫星发射中心发射升空，并获得了圆满成功。这对于增强中华民族自豪感具有重大意义，同时也对"嫦娥三号"的关键性技术进行了验证，为后续的"嫦娥"探月计划的实施奠定了基础，标志着中国的探月工程又迈出关键一步。

即将发射的"嫦娥三号"更具有重大意义，它承担了探月工程二期的关键任务，将突破月球软着陆、月面巡视勘察、月面生存、深空测控通信与遥控操作、运载火箭直接进入地月转移轨道等关键技术，实现中国首次对地外天体的直接探测，为最终登陆月球做好准备。

嫦娥工程承载着无数国人的期待，也承载着千百年来中华儿女的奔月梦想，相信中华儿女的登月梦想在不远的将来必将实现！

⊙ **古今评说**

栾恩杰曾说："在我当航天局局长的时候，赶上中国航天创造的很多第一。我感到，没有哪一项事业，能像航天这样表现高科技的实力和综合科技的发展；没有哪一项事业，它的成功能如此凝聚全民族的力量，振奋全民族的精神。"

在工作上，同事称他可敬；在生活上，大家称他是"幽默风趣、爱激动的可爱老头儿"。他还喜欢用诗表达情绪，他的弟弟称他是一个耕天的诗人。

他曾用两年时间，主编出版了图文并茂的《国防科技名词大典》，该书成为我国第一部集国防科技工业各领域专业名词术语于一体的大型专业工具书。栾恩杰曾这样评价自己的一生："我一开始搞技术工作、设计工作。随着职务的提升，从工程组长、研究室主任、研究所所长、研究院院长，到航天局长，一个台阶一个台阶走，但我有一条，绝不丢掉脚踏实地的作风，绝不能随着职务的提升就脚不沾地。这个地就是工作的质量、技术的发展、型号任务完成的进程、每次实验的过程，就是要接触实际。"

他是耕天的人，但是他的脚却始终紧贴着地面，他就是中国嫦娥工程总指挥——栾恩杰！

戚发轫——"神舟之父"

⊙拾海钩沉

戚发轫，对很对人来说可能是个陌生的名字。但是如果说到"神舟"飞船，也许每一个中国人都耳熟能详。尤其对是2003年10月15日"神舟五号"将航天员杨利伟送入太空这一事件。这次发射的成功标志着中国成为继苏联（俄罗斯）和美国之后，第三个有能力独自将人送上太空的国家。而戚发轫便是"神舟之父"！

戚发轫

从"嫦娥奔月"的传说到明朝大夫万户的试验，中华民族对天空的向往一直都没有中断。"神舟"飞船承载着几千年来中华民族的飞天梦想。2003年10月15日"神舟五号"的发射成功，实现了中华民族千年飞天的愿望，是中华民族智慧和精神的高度凝聚，是中国航天事业在新世纪的一座新的里程碑。

⊙史实链接

作为"神舟"飞船总设计师的戚发轫，他最初是从主持"东方红一号"卫星的研制与航天事业结缘的。他先后还主持了"东方红二号""风云二号""东方红三号"等六种卫星的研制，亲自组织了10余次卫星发射任务。在1992年他走马上任"神舟"飞船总设计师之职时，对以前的工作领域和团队很是不舍。但最终他还是接受了任命，在临近花甲之年，进入了人生又一

"神舟三号"内的"模拟航天员"

个需要探索的新天地——研制飞船。

飞船的研制自然和卫星存在着巨大不同,更何况还是载人飞船,这其中的每一个环节都不能有丝毫差错,而其中的每一项技术难题,都要靠自力更生来解决。从"神舟一号"试验飞船到"神舟四号"飞船,凡是能被人预想出来的万一会出现的问题,戚发轫都要求设计人员千方百计去发现和寻找,有时就像大海捞针,但他却从不言放弃。1999年,"神舟一号"取得了成功,随后"神舟三号"和"神舟四号"进行了搭载模拟人试验,也取得了成功,这就为"神舟五号"进行载人飞天收集了宝贵的数据资料,为"神舟五号"的成功奠定了基础。

2003年10月15日,"神舟五号"发射成功,杨利伟在太空漫步的镜头被无数次传播,整个神州大地一片欢腾。在这个时刻,这位"神舟之父"却是一个人在角落里抹了一下眼泪,直到这个时候他才可以告慰老伴的在天之灵。在"神舟二号"飞船发射成功后不久,相濡以沫的老伴终被无情的病魔夺去了生命。失去了相随相伴的爱人,戚发轫悲痛欲绝,但他时刻记着与老伴的约定,争取早日让载人飞天取得成功,而现在终于实现了这一诺言!

⊙古今评说

作为中国知名的空间技术专家,中国航天领域的技术专家。戚发轫自1957年毕业进入航天领域工作至今的40年间,不仅亲自参加了"东方红"系列卫星的研制工作,还亲自组织了十余次卫星发射任务,更在花甲之年走马上任"神舟"飞船总设计师之职。

在主持"神舟"飞船时,他从国情出发制定了独具特色、符合实际情况的总体方案,保证了"神舟五号"载人飞船完成了中国首次载人飞行。而他作为总设计师,在解决卫星和飞船研制过程中的重大工程技术问题上发挥了指导和决策作用，做出了系统的、创造性的成就和贡献。

在"神舟五号"发射之前，他自信地对航天员说："年轻人，放心飞吧，你们一定能平安归来！"

作为总设计师，他对"神舟五号"呕心沥血；作为科技人员，他对航天技术的发展倾尽心血；作为全国政协委员，他更是敢于直言，鼓励创新！这就是"神州之父"——戚发轫！

中国航天之父、导弹之父——钱学森

⊙ **拾遗钩沉**

钱学森是我国杰出的科学家，是航空领域、空气动力学学科的第三代挚旗人，是工程控制论的创始人，也是20世纪应用数学和应用力学领域的领军人物。由于他为我国航天事业和导弹制造做出了卓越的贡献，被称为"中国航天之父"和"导弹之父"。

由钱学森等人带头负责的"两弹一星"和导弹火箭的研制成功，不仅大大增强了我国的国防力量，提高了我国的国际威望，使我国在当时严峻的国际斗争中占据了有利地位，更为我国的航天事业奠定了坚实的基础。

钱学森

"两弹一星"

1956年2月，钱学森在一份建立我国国防工业的意见书上，对发展我国的导弹事业提出了长远规划。当时导弹研制对于中国来说还是一张白纸，真正见过导弹的人屈指可数。但就是在这样的困难情况下，钱学森带领着一支不识导弹为何物的队伍，白手起家，在1960年11月5日，成功发射了我国第一枚国产近程导弹；1966

年10月27日，用导弹运载的"两弹结合"飞行试验成功；1970年4月24日，我国第一颗人造地球卫星"东方红一号"发射成功。我国在"两弹一星"和导弹火箭研制上取得的飞跃，使中国迈入了核大国的行列，也为航天事业的发展奠定了坚实的基础。

⊙ 史实链接

新中国成立之初，百废待兴，人民生活亟待改善，国民经济亟待发展。面对这样的严峻形势，中央从长远出发，做出了大力发展国防事业，尤其是大力发展高科技军事技术的决策。以当时新中国的科技水平和经济实力，在西方国家眼中，自主研制导弹无疑是一个笑话。

但是以钱学森为代表的一批爱国科学家，抱着拳拳之心，克服各种艰难险阻，最终聚集在新中国的国防事业大旗下。1938年7月至1955年8月，钱学森在美国从事空气动力学、固体力学和火箭、导弹等领域研究，并与导师共同完成高速空气动力学问题研究课题和建立"卡门-钱学森"公式，在28岁时就已经成为世界知名的空气动力学家。回国后，钱学森以无比的热情和责任感投入祖国的国防事业中。在他的带领下，我国在导弹研制、"两弹一星"等重大领域都实现了突破，取得了关键性胜利。

⊙ 古今评说

钱学森在应用力学、自动控制学、喷气推进与航天技术等领域所取得的重大成就，不仅为中国的国防事业发展做出了重大贡献，也为学科进步和世界航天事业的发展做出了积极贡献，获得了国内外的高度评价。

当初，钱学森欲从美国回国时，美国海军次长金布尔曾声称："钱学森无论走到哪里，都抵得上五个师的兵力。我宁可把他击毙，也不能让他回到中国。"这句话也许有所夸大，但是钱学森的价值在这里却得到了一个直接的表现。

钱学森虽然是理工科出身，但是他兴趣广泛，尤其是对摄影和音乐最为痴迷。钱学森的夫人蒋英则是一位才华横溢、享有盛誉的音乐家。两人音乐方面的共同爱好，铸就了一段佳话。对于音乐艺术，钱学森曾这样说过，

"它所包含的诗情画意和对于人生的深刻理解，使我丰富了对世界的认识，学会了艺术的广阔思维方法。"

钱学森在20世纪40年代就已经成为和其恩师冯·卡门并驾齐驱的航空航天领域内最为杰出的代表人物之一，成为20世纪众多学科领域的科学群星中极少数的巨星之一；他也是为新中国的成长做出无可估量贡献的老一辈科学家团体之中，影响最大、功勋最为卓著的杰出代表人物，是新中国爱国留学归国人员中最具代表性的国家建设者，是新中国历史上伟大的人民科学家。他被誉为"中国航天之父""中国导弹之父""火箭之王"和"中国自动化控制之父"。

孙家栋——中国卫星之父

⊙拾海钩沉

探索浩瀚的宇宙，是人类千百年来的美好梦想。我国在远古时就有嫦娥奔月的神话。公元前1700年，我国就有了"顺风飞车，日行万里"之说，还绘制了飞车腾云驾雾的想像图。外国也有许多有关月亮的美好传说。

明朝的士大夫万户是世界上第一个尝试进行升天探索的人，但是在近代，由于各种原因，我国在探索宇宙方面却一度落在了后面。

1957年10月4日世界上第一颗人造地球卫星由苏联发射成功，随后美国、法国、日本也相继研制人造卫星并发射成功。1970年4月24日，由孙家栋等一批科学家负责的我国自行设计、制造的第一颗人造地球卫星"东方红一号"由"长征一号"运载火箭一次发射成功，我国成为了世界上第五位能独立研制发射卫星的国家。

按照今天的标准衡量，我国的第一颗卫星只不过是一个伸展开发射机天线的圆球，但它却是我国自行研制发射的第一个人造天体，把中华儿女几千年的梦想变成现实，开创了我国航天事业新纪元。

⊙史实链接

过去，人们总认为宇宙是深不可测的，是不可探索的。然而苏联成功发射了世界上第一颗人造地球卫星后，人类对宇宙探索进入了全新的阶段。拥有卫星，成为一个大国的标志。

1967年孙家栋担任中国第一颗人造地球卫星技术主要负责人，从此之后，他就一心扑在了祖国的卫星事业上。他先后担任了中国第一颗遥感探测卫星、第一颗返回式卫星的技术负责人、总设计师，他还是中国通信卫星、气象卫星、地球资源探测卫星、"北斗"导航卫星等第二代应用卫星的工程总设计师。在中国自主研制发射的100个航天飞行器中,由孙家栋担任技术负责人、总设计师或工程总师的就有34颗,占整个中国航天飞行器的1/3。

"老骥伏枥,志在千里",2003年,两鬓斑白的他开始担任中国探月工程总设计师。经过四年的昼夜奋战,2007年10月24日18时5分4秒,中国第一颗探月卫星"嫦娥一号"在西昌卫星发射中心成功发射。这标志着中国深空探测的新里程由此开启。

⊙**古今评论**

孙家栋是我国人造卫星技术和深空探测技术的开创者之一,为我国人造卫星事业和深空探测事业的发展作出了系统的、创造性的成就和贡献。

他也非常注重培养年轻人,为祖国的航天事业储备优秀的科技人才。

孙家栋

孙家栋把一生献给了祖国的卫星事业，他和我国的卫星事业是密不可分的。正如他自己说的那样，"搞了一辈子航天，航天已经像我的'爱好'一样，这辈子都不会离开了。"阅读孙家栋的人生经历，就仿佛在阅读着中国航天事业的发展历史。孙家栋是名副其实的"中国卫星之父"！

杨利伟,"中国太空第一人"

从嫦娥奔月到『天宫一号』

⊙拾遗钩沉

　　杨利伟是中国培养的第一代航天员。2003年,他搭乘"神舟五号"飞船首次进入太空,是第一位进入太空的中国人。这次成功的太空旅行标志着中国成为继苏联(俄罗斯)和美国之后第三个有能力独自将人送上太空的国家。

　　"神舟五号"载人飞船是"神舟"系列飞船之一,是中国首次发射的载人航天飞行器。飞船在轨道运行一天,主要任务是全面考核载人环境,获取航天员空间生活环境和安全的有关数据信息,全面考核工程各系统工作性能和系统之间的协调性。整个飞行期间,飞船为航天员提供必要的生活和工作条件,同时将航天员的生理数据、电视图像发送至地面。2003年10月15日北京时间9时,酒泉卫星发射中心,"长征二号F"火箭将杨利伟乘坐的"神舟五号"飞船送入太空。在整个任务过程中,杨利伟按时向地面报告情况,一直与地面保持通话,并告知一切正常。在"神舟五号"开始第八次环绕地球轨道时,杨利伟

中国太空第一人杨利伟

告诉地面上的妻子，太空感觉很好，太空的景色非常美。杨利伟在太空吃了三顿有航天特色的饭，这些食物都必须一口吃下去，以防止残渣飘浮。

⊙ 史实链接

　　1983年9月，杨利伟考入空军第八飞行学院，毕业后成为空军某部飞行员，1998年成为中国第一代航天员。杨利伟身高1.68米，大学文化，中校军衔。在成为中国人民解放军航天员大队航天员之前，杨利伟是一名拥有1 350小时飞行经验的强击机和歼击机的飞行员。他在空军的战友对他的评价是：身体好、爱钻研、肯奉献、协同意识强。1996年初夏，杨利伟接到通知，参加航天员初选体检。加入这个队伍是不容易的。航天员的选拔近乎苛刻，要"过五关斩六将"。医学临床检查，要对人体的几十个大大小小的器官逐一检查。航天生理功能检查，被人们形象地称为"特检"：在离心机上飞速旋转，测试受试者胸背向、头盆向的各种超重耐力；在低压试验舱测试受试者上升到5 000米、10 000万米高空时的耐低氧能力；在旋转座椅和秋千上检查受试者前庭功能；还要进行下体负压等各种耐力测试。几个月下来，886名初选入围者已所剩无几。在长达两年的严格选拔中，他幸运地同其他13人一起从参与选拔的1 500名现役飞行员中脱颖而出。

　　在发射前，杨利伟被选为"神舟五号"航天员的新闻直到发射前一天才公布给媒体。"神舟五号"载人飞船发射准备阶段时，杨利伟以其优秀的训练成绩和综合素质，被选入三人首飞梯队，并被确定为首席人选。在被确定为首飞梯队后，杨利伟更加努力地全身心投入到强化训练之中。那段日子里，他大部分的时间都待在飞船模拟器里，熟悉舱内的各种设备和电路，牢记飞行指令。功夫不负有心人，在5次正常飞行程序考试中，他获得了2个99分、3个100分的好成绩，专业技术综合考评排名第一。正因为杨利伟对飞船飞行程序和操作程序烂熟于心，在"神舟五号"的飞天之旅中，他的全部操作没有出现一次失误。

⊙ 古今评说

　　作为浩瀚太空迎接的第一位中国访客，杨利伟是2003年中国最具轰动性的人物。随着杨利伟的成功返航，中华民族千百年来的飞天梦变成了现实。杨利伟赢得了国人的尊敬，这位中国人民解放军航天员大队的首飞航天员，以自己的壮举，让世界再次对中国及中国的航天事业刮目相看。

  面对如振动、冲击、宇宙辐射、昼夜节律变化等恶劣的太空环境，杨利伟要承受的超负荷心理、工作压力可想而知。这些环境因素会导致心血管系统功能紊乱、骨骼与肌肉结构和功能变化、情感抑郁等一系列生理和心理方面的问题。此外，杨利伟更需要面对的是一旦发射失败可能会失去生命的危险。但是，载负着中华民族千年的"飞天梦想"，这位中国首位"太空使者"，还是凭借自身超人的素质和勇气，出色地完成了自己的神圣使命。

"飞天双雄"费俊龙、聂海胜

⊙拾遗钩沉

2003年，中国载人航天飞船"神舟五号"的成功发射，让杨利伟这个名字受到国人的关注。2005年，伴随"神舟六号"载人飞船飞行的成功，我们在进入太空的中国航天员的名册里，又看到了两个崭新的名字——费俊龙和聂海胜。

"神舟六号"载人飞船，是中国"神舟"飞船系列之一，是中国第二艘搭载太空人的飞船，也是中国第一艘执行"多人多天"任务的载人飞船。

费俊龙和聂海胜

飞船于北京时间2005年10月12日上午在酒泉卫星发射中心发射升空，飞行时间为5天。担任这次飞行任务的航天员是指挥长费俊龙和操作手聂海胜。

他们是中华民族飞天梦想的实践者，费俊龙、聂海胜在太空中的一举一动，都吸引着亿万人的关注。这两位航天员都出身农家——从田间劳作到

费俊龙和聂海胜太空生活

太空飞行，他们巨大的人生跨越，简直就是中国航天的形象象征。不管是从一名农村孩子到飞行员，还是从成为航天员到飞上太空，他们都克服了无数的困难和无数的障碍。

⊙ **史实链接**

费俊龙和聂海胜有很多共同之处，他们曾经都是空军飞行员，也都生长在中国南方的农村。虽然在性格上各有特点，但他们都是非常优秀的航天员。从"神舟"5号飞船返回地面后，选择承担"神舟六号"飞行任务的两名航天员的工作就开始了。为了圆满完成任务，

费俊龙和聂海胜训练中打出胜利手势

执行"神舟六号"飞船任务的航天员要经过重重选拔，从中国现有的航天员中，通过各个方面严格的筛选确定的。为了能够获得"神舟六号"航天员的资格，费俊龙和聂海胜付出了很多努力。备选的14名航天员先是进行分组训练、考核。初选、复选阶段和定选阶段之后，初步选定6名航天员。之后按照成绩确定梯队排列顺序。而费俊龙和聂海胜是备选航天员中优秀的代表，他们各个环节的训练成绩和表现出的素质都是一流的。

"神舟六号"平稳地降落在内蒙古草原着陆场，不同于"神舟五号"，费俊龙首先自行爬出返回舱，随后聂海胜亦爬出舱门，走下铁梯，向现场工作人员招手。二人在太空逗留了115.5小时，飞行时间是"神舟五号"太空船的5倍多。这次太空之旅，创造中国人在太空逗留时间最长、首次"多人多天"的纪录。费俊龙及聂海胜重返地面后，返回北京被隔离观察14天，经检查各项健康指标均正常。

⊙ **古今评说**

"神舟"飞船的每一次成功飞行，都极大地振奋了民族精神，在海内外产生了巨大的影响。从"神舟五号"到"神舟六号"，中国载人航天工程的

每一次壮丽腾飞，托举起了一个民族千年的飞天梦想。"神舟六号"载人任务的成功，标志着我国航天工程目标的圆满成功，也奠定了第二步战略目标实现的基础。

如果说"神舟五号"的选拔是"单打独斗"，"神舟六号"就是"强强联合"。这需要乘员之间默契配合。费俊龙和聂海胜不管训练中还是训练后都尽量待在一起，努力熟悉对方。除了对自己的操作了如指掌，他们还反复换位练习，直到自己进行一项操作后，也清楚地知道对方要做的下一个动作。教员们都说，他俩就像"左手和右手"。费俊龙和聂海胜，他们携手创造了一次"完美飞行"，成为中国航天员中当之无愧的"飞天双雄"！

两度飞天景海鹏

⊙拾遗钩沉

　　景海鹏，于2008年9月入选"神舟七号"载人飞行任务乘组，圆满完成飞行任务。2012年6月，执行"神舟九号"载人飞行任务。由此，他成为中国航天两度飞天的"第一人"，现为中国人民解放军航天员大队特级航天员。他曾任空军某师某团司令部领航主任，安全飞行1 200小时。1998年1月，正式成为我国首批航天员。

　　继完美完成"神舟七号"飞行之后，景海鹏再次访问太空，以指令长的身份带领"神舟九号"乘组执行中国首次载人航天交会对接任务。"神舟九号"是中国第一个宇宙实验室项目921-2计划的组成部分，"天宫一号"与"神舟九号"载人交会对接将为中国航天史上掀开极具突破性的一章。中国计划2020年建成自己的太空家园——空间站。中国空间站届时将成为世界上一个独具特色的空间站。

两度飞天景海鹏

⊙史实链接

　　景海鹏是家中老大，从小他性格内向，不太爱说话。景海鹏是个不服输的人，他喜欢体育，尤其喜欢打篮球，因为个子不高，老师说他不能当主力，但他抓住一切机会上场。结果，以后无论在中学还是在部队，他都是篮球队主力队员。直到现在，他仍然是航天员中的篮球"钢铁前锋"。

景海鹏从高中开始想当飞行员，1984年，空军在运城招考飞行员，景海鹏报了名，但是因为高中学习时间太长、劳累过度，眼睛里有些血丝，所以体检时没有通过，他落选了。决定复读之后，他转入解州中学，学习更加用功，还特别注意保养身体。之后他成功考上了河北保定航校（今中国人民解放军空军航空大学）。

1991年6月，景海鹏被分配到南空驻无锡机场某部，成为一名空军飞行员。在景海鹏这批飞行员中，个个素质都比较高，他是最刻苦钻研的，每次飞行训练中，教员们都会在着陆后讲一讲训练当中的问题，海鹏对此特别重视，不光认真听讲，还会自己去翻阅很多资料，做些理论上的研究，再加以验证。凭借自己的出色表现，景海鹏在几年后被任命为领航主管。他做事认真，刻苦钻研飞行技术，在训练中创造了飞行团飞机最好射击成绩。

1996年底，景海鹏参加了航天员的选拔。同年11月，身体素质一直非常出色的景海鹏参加了航天体检。在一年半的复选后，他成为了中国首批航天员。1998年他正式成为我国首批航天员中的一员。2006年景海鹏入选"神舟六号"航天员梯队。

⊙古今评说

随着"神舟七号"和"神舟九号"的飞天，更多人认识了景海鹏，也有更多人了解了飞行员。他们经历层层选拔，从飞行员中录取为"预备航天员"，再经过空中实践和各种培训后，才成为了真正的航天员。在几年的训练中，航天员需要进行大量的理论学习，包括50多门理论课程，如数学、英语、天文学等基础课程，以及工程技术、航天医学等实践性较强的课程。

"神舟九号"被认为在许多方面都具有历史意义的重要性，例如完成了四个"第一次"任务：第一次实施手控交会对接，女航天员第一次太空飞行，航天员第一次访问在轨飞行器，第一次进行10多天的载人在轨飞行。必须清醒地认识到，这仅仅是说明中国正在奋力跻身于航天大国之列，现在还并非航天强国。虽然我们与过去相比是前进了一大步,但对于真正成为航天强国的梦想来说,这也许仅仅是迈出了一小步。如果以此沾沾自喜,以"航天老大"自居,难免会面临"栽跟斗"的风险。景海鹏将会为中国的航天强国之变付出更多的奋斗与艰辛。

中国太空漫步第一人翟志刚

⊙拾遗钩沉

　　翟志刚出生于1966年10月10日，是"神舟七号"载人航天飞船三名航天员之一。2008年，他与队友刘伯明和景海鹏搭乘"神舟七号"发射升空，并在9月27日作太空漫步，成为第一位进行太空漫步的中国航天员。

　　翟志刚出生于黑龙江省齐齐哈尔市龙江县的一个小乡村，父亲长年卧病在床，一个大家庭全靠母亲支撑。考取飞行学院后，翟志刚一步步成长起来，先后任飞行中队长、飞行教员。翟志刚遇事冷静，1995年5月的一天，他参加飞行训练返航途中时，忽然一股强劲的气流卷起沙尘暴向机场袭来，当时目视已看不清地面，风速10米/秒以上，

翟志刚出舱太空漫步

他驾驶战机，仅凭仪表安然着陆。翟志刚曾任空军试训中心某团飞行教员，飞过"歼七""歼八"等机型，安全飞行950小时，为空军一级飞行员。

　　"神舟七号"飞船全长9.19米，飞行2天20小时27分钟，圆满完成任务后于28日成功返回地球。2008年9月27日16时40分，翟志刚打开"神舟七号"载人飞船轨道舱舱门，首度实施空间出舱活动，第一次将中国人的足迹印在了茫茫太空上。

⊙ 史实链接

翟志刚曾两次与太空之旅失之交臂。1996年，翟志刚参加航天员选拔，在多项考核中，顺利地闯过一关又一关。他的临床医学和航天生理功能检查的指标都达到优秀，令评选委员会全体专家信服，于1998年成为第一批航天员14人中的一员。在"神舟五号"计划中，他曾是首飞梯队3名航天员中的一名，翟志刚在几次测试结束后排名第二，最终还是杨利伟被任命驾驶飞船。在"神舟六号"计划中，翟志刚是飞行梯队6名宇航员中的一名。有媒体认为因为翟志刚和聂海胜曾参与过"神舟五号"计划，所以他们将会是第一人选。不过，后来翟志刚与吴杰被分入一组训练，而另一组的费俊龙和聂海胜最终被选拔为"神舟六号"航天员。

翟志刚

虽两次面临上阵而失去机会，但翟志刚仍坚持刻苦训练，功夫不负有心人，翟志刚2008年终以出色的成绩入选"神舟七号"任务飞行乘组并担任指令长。为备战"神舟七号"任务，他先后完成了低压舱训练、模拟失重水槽训练和出舱活动程序训练等全新训练科目。尤其在低压舱、水槽等高风险、高难度、高负荷的出舱活动训练中，他敢于挑战自我，熟练掌握了各项操作技能，为出舱行走太空打下了坚实的基础。

日常生活中的翟志刚属于"动静皆宜"型，爱好颇多，他爱好研习书法，还爱好交谊舞。此外，他还是个勤于动手的人，家里安装、修理等事情他一看就懂，一摸就会。

⊙ 古今评说

在"神舟七号"任务中，他与航天员刘伯明、景海鹏密切配合，出色完成了我国首次空间出舱任务，为我国探索和利用太空迈出了重要的一步。翟志刚是中国进行太空空间出舱活动的第一人，这是继杨利伟之后，被看作中国航天员又一次伟大的突破。翟志刚以自己的一小步，迈开了中国人探索太空行走的历史性一大步，标志着从此中国成为了世界上第三个独立掌握空间出舱技术的国家。

也有人认为，航天员出舱固然值得欣喜，但也应该看到，早在数十年前，美俄两大航天强国早已实现月球漫步、航天员空间站长期工作等重大工程。中国不过是完成了载人航天工程第二步中的首发任务而已，接下来更是任重而道远。

四、卫星发射基地

酒泉卫星发射中心

⊙ **拾遗钩沉**

酒泉卫星发射中心又称为"东风航天城",简称JSLC,始建于1958年10月,位于北纬40°,东经100°的内蒙古阿拉善盟额济纳旗境内,海拔1 000米。酒泉卫星发射中心占地面积约2 800平方千米,是中国组建最早、规模最大的综合性航天发射基地,同时也是中国唯一的载人航天发射场,为我国航天事业发展做出过重要贡献。

发射中心建在戈壁沙漠的绿洲上,西依山,东临河,是当年聂荣臻元帅

酒泉卫星发射中心

亲自挑选的一块风水宝地。一方面由于发射中心地处荒凉，在额济纳巴丹吉林沙漠西北边缘，最接近的城市是其西南的甘肃省酒泉市，另一方面是因为当时各国导弹卫星发射场起名时均避开真实地址，因而这里被称为酒泉卫星发射中心。

最早选择酒泉作为航天发射基地，是基于多方面因素综合考虑。首先，航天发射场的区位环境，选择在低纬度地区，酒泉在地理条件上符合要求。其次，酒泉发射场区位处戈壁滩，航区200千米以内基本为无人区，600千米以内没有人口密集的城镇和交通干线，火箭残骸坠落不会造成太大的危害。再加上该地区地势平坦，人烟稀少，属内陆及沙漠性气候，全年少雨，雷电日少，每年约有300天可进行发射试验。并且具有优越的地理优势，可充分利用西起喀什、东至闽西，距离数千千米的陆上航天测控网。这里是中国科学卫星、技术试验卫星和运载火箭的发射试验基地之一，主要承担载人航天发射与应急搜救、卫星发射和各种火箭试验。

⊙ 史实链接

酒泉卫星发射中心前身是一个导弹实验靶场。1958年，考虑到战备防护的需要，经中共中央批准，我国第一个陆上导弹试验靶场选定在地处西北戈壁的额济纳旗的青山头地区。为了工程的顺利进行，1958年自朝鲜战场回国的近十万建设大军悄然进入这一地区，拉开了基地工程建设帷幕。在半个世纪的岁月里，酒泉卫星发射中心演绎着一幕幕平凡、壮烈而辉煌的故事。

在最初建设导弹实验靶场的时候，前苏联曾经派出技术专家帮助中国进行靶场的设计，在1960年年初，经过中国建设军队的努力，靶场建设基本完成，之后由于中苏关系恶化，前苏联专家很快撤出导弹实验靶场。在外援专家撤走的第17天，酒泉成功发射了中国第一枚地对地导弹。1966年10月，中国第一次导弹核武器试验也在这里试验成功。酒泉卫星发射中心创造了中国航天史上无数个第一：1970年，中国的第一颗人造地球卫星在这里升空；1975年，第一颗返回式人造地球卫星在这里升空；1980年，第一枚远程弹道导弹在这里飞向太平洋预定空域；1981年，第一次用一枚火箭将三颗卫星送上太空等等。至今，酒泉卫星发射中心生活设施基本齐全，技术保障、测控通信、铁路运输、发电配电等配套设施完善，已成功地发射了21颗科学试验卫星，其中，这里发射的8颗可收回卫星，成功率达100%。举世瞩目的中国载人航天飞船"神舟"系列，也由酒泉卫星发射中心承担发射任务，10艘飞船全部发射成功。

酒泉卫星发射中心分别有大型、中小型以及气象和探空火箭发射场。基地的核心建筑物是"垂直总装测试厂房"，高74米，整体质量达到350吨。目前，酒泉卫星发射中心面向国内游客开放，开发的景点主要有：卫星发射场、指挥控制中心、"长征二号"火箭、测试中心等等。但由于酒泉卫星发射中心是一个独立、封闭的区域，关卡戒备森严，途经了两个大型的检查

酒泉卫星发射中心发射测试站

站，所有车辆必须通过检查方能通过。车上的乘客，必须出示有效身份证件，通过检查人员核对无误后，才能通行。

⊙古今评说

　　酒泉卫星发射中心是中国第一座航天发射场，也是中国建设最早，规模最大的卫星发射中心。它拥有完整、可靠的发射设施，能发射较大倾角的中、低轨道卫星，是我国"两弹一星"的试验基地，是国家载人航天事业重要的发射基地。酒泉卫星发射中心自从建造以来，成为外部世界观察和感受中国力量的重要基地。

　　中国是世界上第五个发射人造地球卫星、制造出原子弹的国家，奠定了中国在航天领域的国际地位，其中酒泉卫星发射中心功不可没。在中国已成功发射的卫星中，有2/3是从酒泉上天的，这里也是中国载人航天的唯一发射场，具有重要的战略意义。

西昌卫星发射中心

⊙ 拾遗钩沉

西昌卫星发射中心又称"西昌卫星城",简称XSLC,位于四川省凉山彝族自治州境内,始建于1970年,于1982年交付使用。西昌卫星发射中心主要承担地球同步轨道卫星的航天发射任务,担负通信、广播、气象卫星等试验发射和应用发射。

西昌卫星发射中心总部位于西昌市西北约60千米处的秀山丽水间,卫星发射场位于西昌市西北65千米处的大凉山峡谷腹地,该地区地理条件十分优

西昌卫星发射中心

越，适合建造航天发射场。西昌卫星发射中心纬度低，位于北纬28.2°，海拔高达1500米，因此发射倾角好，地空距离短。之所以选择低纬度的地方建设航天发射场，是由于纬度越低，离赤道越近，既可充分利用地球自转的离心力，又可缩短地面到卫星轨道的距离，从而节省火箭的有效负荷。此外，这里是峡谷地形，76米高的发射塔架和300多米高的避雷塔，巍峨地耸立于峡谷的底端，地质结构坚实，有利于发射场的总体布局，能满足多个发射场的建设。再加上这里是中国气候变化最小的地区之一，日照多达320天，"发射窗口"好，试验周期和允许发射的时间较多。因此，1970年经中共中央批准，在这里建造卫星发射中心。

西昌卫星发射中心隶属于中国人民解放军总装备部，由总部、发射场、通信总站、指挥控制中心和三个跟踪测量站以及其他一些相关单位组成，在测试发射、指挥控制、跟踪测量、通信、气象、技术勤务保障等方面较为完善。它是我国目前三大卫星发射中心中，功能较为齐全，设备比较完善的发射中心，近50颗国内外卫星从这里送入太空。

⊙ 史实链接

1969年底，中央决定为载人航天选址建设发射场。在对9省81个县进行勘测之后，选出了三个场址。西昌为其中一个。1970年，中央正式选定了西昌基地的发射工位与技术阵地，对此进行工程建设。经过多年的努力建设，1982年西昌卫星发射中心正式交付使用。1984年在这里发射了我国第一颗试验通信卫星。1986年5月，西昌卫星发射场正式对外开放。不久后，西昌卫星发射场对外国开展了商业用途的卫星发射业务，曾多次为外国成功发射各类型卫星。1986年在这里成功发射中国第一颗通信广播卫星，随着"东方红一号""东方红二号"的发射成功，结束了中国租用外国卫星看电视的历史，开创中国卫星电视的新纪元。2007年10月，中国的首颗绕月人造卫星——"嫦娥一号"在西昌卫星发射中心升空。

西昌卫星发射中心1985年10月对外开放以来，接待了来自50多个国家和地区的技术交流、考察团体。西昌卫星发射基地对外开放，是进行爱国主义教育的好场所。目前，西昌卫星发射场区拥有两个发射塔架，一个是被誉为

"亚洲第一塔"的2号发射工位,在1990年投入使用;另一个是为确保我国登月计划顺利实施而建造的3号发射工位,1978年底竣工,并在2007年重建后投入使用。西昌卫星发射中心主要担负广播、通信和气象等地球同步轨道(GTO)卫星发射的组织指挥、测试发射、安全控制、数据处理、气象保障、残骸回收等任务。

⊙古今评说

西昌卫星发射中心是亚洲规模最大、设备最先进、具有发射大功率航天器能力的新型卫星发射基地。它也是我国最早对外开放、承担外星发射最多、自动化程度较高、综合发射能力较强的航天发射场。它的建成对于我国的航天发射事业具有极为重要的意义,极大满足了我国卫星的发射需求。

西昌卫星发射中心发射"长征三号"火箭

在中国目前的三大卫星发射中心中，西昌卫星发射中心既能发射"长征三号"系列运载火箭，又能发射运载能力较大的捆绑火箭，通过发射高、中、低各种轨道，实现了远距离测试发射、指挥控制。在未来几年，西昌卫星发射中心以满足高密度航天发射任务的需求，将大力发展基础设施建设，提高发射能力，为今后执行更高密度航天发射任务打下基础。

太原卫星发射中心

⊙拾遗钩沉

太原卫星发射中心简称TSLC,位于我国山西省太原市西北的高原地区,海拔1 500米,是我国卫星发射基地之一,也是我国自主设计建设的第一座火箭卫星发射中心。

太原卫星发射中心具备优越的地理优势,毗邻芦芽山风景区,其东部、南部和北部三面环山,西边是黄河。地理位置为东经111°36′,北纬38°50′。由于太原卫星发射中心处于高原地区,海拔较高,加上周围有高山阻隔,因此不受海风影响。该地区属于大陆性气候,冬长无夏,春秋相连,太原卫星发射中心地区的平均地面气压为850百帕。这里地处山区,周围

太原卫星发射中心

人口稀少，地域辽阔，有利于卫星发射的配套需求。

太原卫星发射中心设施齐全，拥有火箭和卫星测试厂房、设备处理间、发射操作等设施。此外，不但具备多射向、多轨道、远射程和高精度测量的能力，还担负起中、低轨道卫星和运载火箭的发射任务，是我国试验卫星、应用卫星和运载火箭发射试验的基地之一。太原卫星发射中心已经成功发射了所有中国的太阳同步轨道气象卫星和12颗美国的铱星。

⊙ 史实链接

太原航天发射中心是中国第二个导弹与卫星发射基地。我国之前在酒泉建造了第一个导弹与卫星发射基地，后来因为中苏关系的全面破裂，我国需要加强国家军事能力，应对来自前苏联等国家的强大军事威胁。当时中国仅有的酒泉卫星发射中心难以满足军事需求，因此急需拓展。此后我国采用"靠山、隐蔽、分散"的选址原则，最终选定岢岚境内的深山，并于1967年在这里自主设计建设新的导弹试验场，这就是太原航天发射中心。

1968年12月，中国自己设计制造的第一枚中程运载火箭在太原航天发射中心发射成功，这也是中国第一代自行设计研制的液体运载火箭。这次火箭发射试验的巨大成功增强了我国的航天信心。此后，中国首次进行某型远程运载火箭发射试验，成功地进行了多种型号和多种发射形式的火箭飞行试验，使中国成为世界上第五个具备多种方式发射运载火箭能力的国家。1988年，我国在太原航天发射中心用"长征四号"运载火箭成功地将中国第一颗"风云一号"气象卫星送入太阳同步轨道。"风云一号"卫星的成功发射，使太原卫星发射中心成为当时国际航天界掌握极地轨道和太阳同步轨道卫星发射技术的极少数发射场之一。

伴随中国航天发射技术不断地走向国际市场，太原卫星发射中心也承揽发射多颗国外商业卫星。1997年，太原航天发射中心第一次执行国际商业发射，首次成功地将美国摩托罗拉公司制造的2颗铱星送入预定轨道，一共6次以一箭双星方式将12颗铱星送入太空预定轨道。之后，不断放飞的卫星在晋西北高原的夜空上绽放，推动着中国航天发射国际市场的拓展。2007年中国

"风云一号"气象卫星发射

和巴西合作的第三颗"资源一号"卫星顺利升空。太原卫星发射中心组建40年来，航天发射成功率达100%，居世界前列。

⊙ 古今评说

太原卫星发射中心是我国自主设计建设的第一座火箭卫星发射中心，扭转了之前中国航天发射的落后局面，使中国航天在国际上重振雄风，促进我国航天事业的发展。在40年中，太原卫星发射中心出色地完成130余次火箭卫星发射任务，卫星发射成功率达到了100%，居世界航天发射场前列。在不同历史时期，太原卫星发射中心都在为维护我国国土安全服务，为捍卫我国的国家利益作出了卓越的贡献。

中国航天在太原卫星发射中心写下了九个"第一"：发射第一颗太阳同步轨道气象卫星"风云一号"，第一颗中国和巴西"资源一号"卫星，第一颗海洋资源勘察卫星等，创造了我国卫星发射史上的历史记录。在晋西北黄土高原上，基地大力实施人才战略工程规划，开展一系列的航天发射技术研究与试验，突破了一系列重大的航天发射技术难题，现已取得700余项科技成果，为我国航天事业发展做出突出了贡献。

四、卫星发射基地

文昌航天发射中心

⊙ **拾遗钩沉**

　　文昌航天发射中心位于中国海南省文昌市龙楼镇星光村，北纬19度19分，东经109度48分。它的前身是中国发射亚轨道火箭的测试基地，之后经国务院、中央军委批准，在测试基地的基础上，建设中国首个滨海航天发射基地。

　　海南岛是中国陆地纬度最低、距离赤道最近的地区。文昌航天发射中心毗邻大海，它的建设是为了适应我国航天事业可持续发展战略，满足新一代

文昌航天发射中心

运载火箭和新型航天器的发射需求。这里地理位置优越，具有良好的海上运输条件。通过水面运输，火箭的大小不受铁轨的限制，为火箭运输带来了很大的方便，弥补酒泉、西昌、太原三个内陆发射基地受到铁路运输限制的缺点。由于周围都是茫茫大海，1 000千米范围内无人居住，使得火箭航区和残骸落区具备很高的安全性。这里纬度较低，离赤道只有19°，可以利用当地纬度低的地理优势，提高地球同步轨道卫星运载能力，延长卫星使用寿命。

此外，文昌发射中心还有利于优化我国航天发射场布局，提高我国航天发射综合能力。2009年3月底，文昌发射中心破土动工建设。文昌航天发射中心建成以后，主要承担地球同步轨道卫星、大质量极轨卫星、大吨位空间站和深空探测卫星等航天器的发射任务。文昌航天发射中心是我国第四个卫星发射中心，将在2013年投入使用。自从我国宣布建设文昌航天发射中心以后，受到了国际航天界的高度关注。

⊙ 史实链接

在20世纪70年代，中国在建设航天发射场的时候，曾经把我国海南岛列为最佳场址之一。但由于受到当时国际环境影响，在沿海地区建设航天发射场在战争年代容易受敌国军队攻击。鉴于这层考虑，最终选择了较为不易被攻击的西昌。冷战结束以后，文昌发射中心才得以重新开工建设。

海南发射火箭的历史可以追溯到20世纪80年代。1988年，我国在海南岛西海岸建成了中国第一座用于科学研究的探空火箭发射场。它主要用于发射亚轨道火箭，如弹道导弹的测试，这就是文昌发射中心的前身。该发射场是世界上少数几个靠近赤道的火箭发射试验基地之一，同年12月在这里成功发射了了火箭。

文昌发射中心项目从1994年开始启动，在探空火箭发射场上进行重建。从1988~2006年，此发射场已经五次成功地发射了"织女"系列火箭。由于海南特殊的地理位置优势，文昌发射中心建成以后，在海南发射的地球同步卫星相比在西昌发射的火箭，运载能力可提高10%~15%，卫星寿命可延长2年以上。由于卫星进入太空以后，它的运行轨道和地球静止轨道存在一定的夹角，卫星在工作时夹角必须校正到0°，这就要在校正夹角时耗费一定的燃

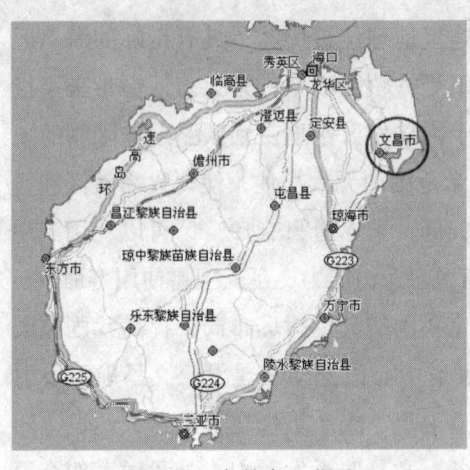

文昌航天发射中心位置

料。海南文昌发射中心发射后夹角为19°，西昌发射后夹角为27°，在校正夹角上节省的燃料就可以让卫星多运行2~3年。

⊙**古今评说**

　　文昌航天发射中心的建成将对中国发展空间科学和发展航天技术产生重要影响。目前，我国有四个航天中心，文昌航天发射中心是唯一一个在我国南方低纬度的沿海地区建设的航天中心。由于其优越的地理优势，能够在现有的技术条件下，提升火箭的推力、发射卫星时节约燃料，促进我国航天事业的发展。

　　文昌航天发射中心促进国际航天合作和扩大对外航天发射服务。海南卫星发射场的建成可以迅速填补目前国际发射场低纬度发射的市场空白。文昌航天发射中心用来发射正在研制的重型"长征五号"系列火箭。随着文文昌航天发射中心的全面启动，将会促进我国的商用卫星市场，同步辐射其他航天产业及周边地区的经济发展。

五、中国航天科学

中国航天系统工程

⊙拾遗钩沉

在我国,航天系统工程的组织方式对于航天事业发展十分重要,其重要内容包括型号设计师和型号指挥体系。型号设计师系统代表的是型号技术的重要体系,总设计师是指实验研究技术负责人,是设计技术方面十分重要人员,工作内容包括组织、指挥,以及重大技术问题的决策。指挥系统也有不可忽视的作用,主要是型号的管理体系,型号总指挥同样肩负重任,对型号进度、经费计划与控制责无旁贷,对资源进行组织指挥,保障了航天事业的发展。

我国航天事业检验测试区

⊙ 史实链接

　　中国载人航天工程的结构组成紧密，各得其所，包括航天员、空间应用、载人飞船、运载火箭、发射场、测控通信、着陆场和空间实验室八大系统。

　　航天员系统作用明显，主要是用于对航天员的选拔和培训。20世纪90年代末，杨利伟通过初选、入围、过关斩将打败了多达800名候选精英，最后还经资深科研人员的投票，成功入选了"三人首飞梯队"。2003年随着"神舟五号"的成功发射，完成飞向太空的重要任务，成为中国首位成功登向太空的航天员。

　　载人飞船是"神舟五号"载人飞船实验的基础，也是促进成功必不可少的保证，为我国开创了航天史上的一大奇迹，并对远距离进行实时监控，圆满完成实验任务。完成任务需要必备的保障体系，空间环境预报中心便可提供不可取代的支持。有效载荷中心可以向地面输送技术支持。"神舟五号"载人飞船上的载荷能力数量高达26，还涉及远距离监控设施、空间环境高能粒子监测设备，甚至还有有效载荷公用设备等。

　　我国航天事业不断发展，在众多成功发射的任务中，着陆场系统作用非凡。1999年11月至2003年1月，着陆场系统协助完成的任务有着历史的跨越：从无人到有人；随后在2003年和2005年也分别创历史新貌，着陆场系统多次成功执行了"神舟五号""神舟六号"载人航天飞行试验任务；2008年，"神舟七号"航天员成功飞入太空的人数多达三人，也是在着陆场系统的协助下成功完成的；随后的"神舟八号"与"神舟九号"分别顺利发射，也依靠着陆场系统的作用。有史以来，多达九次的飞行任务，在预定的轨道上顺利飞行、顺利返回，最后顺利到达主着陆场区。着陆场系统为各项重要任务增添了重要的一笔。

⊙ 古今评说

　　系统工程方法的科学实用性，钱学森早就倡导。他认为，一个清晰的系统科学体系对航天事业的科学研究十分重要，其内容丰富且各得其所，包括系统工程的工程技术，运筹学、控制论、信息论的技术科学、系统学的基础科学，还有系统论或系统观则的哲学范畴。

相关人员提出，航天系统工程是工程方法的一个研究结果，是分析、综合、试验和评价不断结合研究的成果。系统工程重视要求，在研发工作中不断对系统进行分析，最终对整体进行全面优化，对整个使用过程做到尽量满足要求；系统工程管理确保了系统研制活动循序渐进，保持研制过程均衡进展，其中最主要的内容是研发过程中成本、进度、性能指标。它不仅改善了技术，也提高了组织管理水平。

如今中国在航天技术领域取得了突破性的提高，其发展程度已经从试验阶段逐步成熟达到应用阶段，拓展到经济建设和国防建设这些重要领域。各行业对航天技术要求也逐步提高，包括技术水平、质量、数量；工作效率不断提高，减少了研制时间；资源合理进行开发，减少科研费用的使用；指标要求必须满足要求，产品质量能充分提高，这样的实用目标对航天事业发展的要求越发明了。因此，随着国家的综合经济状况的逐步发展，经济实力不断增强，中国航天事业将逐步走到世界的前沿。

中国航天事业的发展和展望

⊙拾遗钩沉

新中国成立以后,依靠自己的力量,开始了独立发展的航天发展之路。1956年10月8日成立的国防部第五研究院是中国第一个火箭导弹研究机构,它标志着中国航天事业从此站在一个新的起点。1970年,第一颗"东方红"卫星由"长征一号"运载火箭发射成功,我国正式成为了世界第五个能够独立研制和发射卫星的国家,这不仅是发展航天技术的新起步,还标志着我国进入了航天时代。

我国航天事业的进入空间、卫星研制、载人航天、深空探测、航天基础与保障,以及卫星应用能力的形成是经过51年的发展才形成的。我国航天事业在设计、加工制造、测试和试验、发射、

中国第一颗人造卫星发射点

测控管理方面都具备了较强的能力,形成了包括通讯、遥感、资源、导航定位、气象、科学实验、海洋七个卫星系列的航天工业体系。我国在航天技术的一些重要领域取得了让世界刮目相看的成就;展望未来,我国的航天事业将进入一个更高层面的发展阶段,在诸多挑战的背后是光明的发展机遇。

⊙ 史实链接

1996年10月以来，我国连续60次成功发射"长征"系列火箭，进行了102次飞行，运载87颗国产卫星和6艘飞船、28颗国外商用卫星进入预定的轨道。令人骄傲的是，我国前50次发射共用了28年时间，而接下来9年里我们进行了50次发射且全部发射成功。

1999年11月20日这一天，中国载人航天工程飞行试验的序幕由第一艘试验飞船"神舟一号"的成功遨游太空而正式拉开。2003年10月15日，我国在载人航天技术上的独立发展使得"神舟5号"圆满完成了首次载人飞行的任务。2005年10月12~17日，我国两名航天员乘载"神舟六号"飞行5天，圆满实现了"神舟"飞船的成功发射与回收。探月工程的实施是我国的综合国力、民族凝聚力的一个集中体现，同时推动我国基础科学、高科技和深空探测活动的发展。

2011年9月29日21时，"天宫一号"成功发射，使得我国成为世界上第三个能够独立实施空间站项目的国家，是中国航天事业取得的新进展。

⊙ 古今评说

相关航天专家指出，在未来大概10年的时间里，我国将逐步建立起以容

乘坐"神舟六号"的两位航天员——费俊龙和聂海胜

量大、性能好、寿命长为特点的广播通信卫星产业,这个规划是立足于现实需求和长远发展而提出的。为了提高现有"长征"系列运载火箭的性能和可靠性,我国将研制和开发环保节能的运载火箭;我国还将建立灾害与环境监测卫星对地观测体系,围绕气象卫星系列、资源卫星系列、海洋卫星系列和地球环境监测小卫星群,提供24小时全天候、高时间分辨率的观测;我国不会放弃利用空间物理对日地系统整体性进行研究;我国在载人航天方面的工程也将持续下去。把重点放在航天员出舱活动、空间飞行器交会对接等关键技术的突破上,为建立起有一定应用规模的空间实验室而做准备;月球探测工程正式启动。"嫦娥一号"成功发射后,进一步进行探月工程第二、第三阶段计划,预计2013年,完成月面软着陆探测;最迟2020年,将会对小型采样返回舱从月球上采集而来的样品进行研究。

有关负责人表示,中国发展航天事业是为了和平利用外层太空,造福全

正在发射搭载着"嫦娥一号"的火箭

人类。在航天合作当中坚持平等互利、和平利用、共同发展的原则。中国在促进全球的社会经济的可持续发展有着不可推卸的责任，在亚太地区国际空间技术，应用和科学领域，愿意同各国进行友好的合作和交流。

中国载人航天计划

⊙拾遗钩沉

1992年中国启动载人航天计划。将航天员送入太空之后的目标是建立永久空间站和月球探索。中国载人航天计划的第一步是由"长征二号F"火箭运载限乘三人的"神舟"飞船进入太空。

中国载人航天分三步进行，第一步是完成初步配套的试验性载人飞船工程，利用载人飞船开展空间应用实验。第二步是在航天员出舱活动技术、空间飞行器的交会对接技术上的突破，使空间应用在发射空间试验站后改变一定规模，且短期有人照料的局面。第三步是在空间应用上建造较大规模，长期有人照料的空间站。

2010年9月，中国载人空间站工程以空间实验室为起步和衔接而开展研制建设

"长征二号F"火箭

工作，分空间实验室和空间站两个阶段进行。这是中国载人航天工程开启了一个新发展层面的标志。

计划在此之前，要完成两个空间试验飞行器的研制并发射，在航天员中期驻留等空间站关键技术上要有新的进展，空间应用形成一定的规模；到了2020年左右，要开展核心舱和实验舱的研制和发射工作，进行近地空间站组合体的建造，实现近地空间长期载人飞行技术方面的突破和掌握，同时空间

应用方面有较大规模开展。

⊙ 史实链接

"神舟号"飞船载人航天工程是1992年被列入国家研制计划的。

1999年11月20日、2001年1月10日、2002年3月25日和2002年12月29日,"神舟号"飞船成功进行了四次无人试验发射。2003年10月15日09时,中国首名航天员杨利伟在酒泉卫星发射中心乘载"神舟五号"成功进入太空。2005年10月12日09时,搭载新型"长征二号F"捆绑式火箭的"神舟六号"搭载着费俊龙和聂海胜成功进入太空。

2008年9月25日21时,"神舟七号"的成功发射是中国航天计划的一块里程碑。"神舟七号"搭载的三名航天员,指令长翟志刚进行了首次在太空行走活动,标志着我国载人航天工程进入了一个新的层面。

2011年11月1日5时,我国首次空间交会即"神舟八号"和"天宫一号"的对接任务圆满完成。

2012年6月16日,"神舟九号"飞船在"长征二号F"运载火箭的托举下飞向太空,6月18日执行了自动交会对接任务,随后又进行了手动交会对接的操作,就体现了我国在交会对接技术及载人航天技术的方面达到成熟水准。

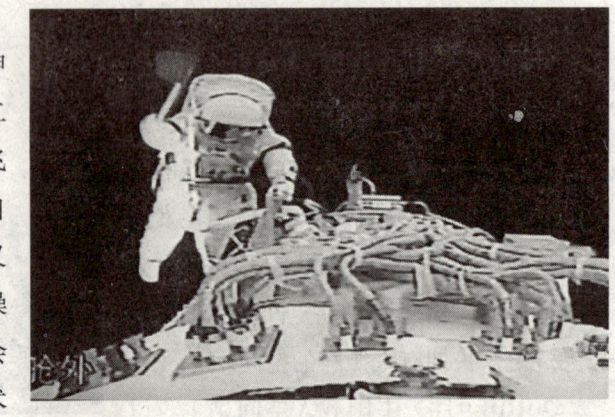

"神舟七号"上出舱行走的航天员——翟志刚

2013年6月11日17时,"神舟十号"和"天宫一号"对接之后进行了短期有人照管试验,接下来的任务是对"神舟九号"载人交会对接技术的进一步补充,并打造太空实验室。

⊙ 古今评说

中国社科院研究员沈骥如称,开展载人航天计划与经济、军事、外交等诸多方面紧密联系,是对国家综合国力、科技发展水平、参与国际事务能力和树立国家形象方面的一个挑战。有关负责人指出,对于中国来说,载人航天计划意义重大,载人航天工程包括:设计制造运载火箭、宇宙飞船,建立完善的发射场地和测控网络。一个国家工业技术能力体现在载人航天工程上,而这个国家的管理能力也反映在工程的进度和花销上。换一种说法,航天工业水平的高低反映一个国家的现代化高低程度。因此,中国成功地进行载人航天发射,不仅有利于提升中国的形象,也意味着由一个贫穷落后的农业国迈向先进的工业国家。

中国社科院研究员沈骥如

相关专家指提出,中国是一个正在崛起的国家,必然将在21世纪的世界上占有一席之地,而想要争取和平安全的发展环境,就必须抢占科技和军事制高点,发展载人航天技术就是一种有效的途径。

中国航天员的太空生活与安全

⊙ 拾遗钩沉

如今，中国航天事业已是发展得如火如荼了，我们的太空之梦也不断地得到实现。随之而来的是我们越来越多地关注航天员的生命安全和生活问题，尤其是在美国和苏联的一些航天员在执行航天任务时而失去了他们宝贵的生命后。

在地球上，人们早已习惯在早上工作，晚上休息这样的生活作息，可是在太空的昼夜周期和地球上的有很大差别，人们很难做到与在地球上生活的一样。太空昼夜的长短主要取决于飞船绕地球飞行的轨道高低，轨道高意味着昼夜周期长一些，而昼夜周期短则是因为飞船的飞行轨道低。当飞船从地球阳面飞入阴面时，就会发现白天瞬间变黄昏黑夜了。

密闭座舱内的航天员们

当然，对宇航员最为不利还数极为恶劣的宇宙环境，高真空、高缺氧、宇宙辐射、温度差异等等不利的因素，都会对人体产生极为严重的伤害。若无完善的保护措施，航天员一刻也不可能停留在太空，更不用说生存和工作了，所以，为了保证航天员的生命安全，密闭座舱由此诞生了，这是我们的科技人员研制出的一个与外界隔绝的密闭环境，用来保护航天员。

⊙ **史实链接**

因为太空只有微重力，在此条件下，意味着航天员每一个细微的动作都有可能造成巨大的差错，这就要求航天员要有一万个小心。航天员在航天飞机发射时必须穿上橘红色的加压服，也称为"发射再入服"。当航天飞机座舱发生故障而丧失压力时，它能给航天员提供正常的大气压，从而帮助航天员安全回到地球，若刚好落入水中，还能起到保暖防寒以及防鲨的作用。

与在地球上一样，航天员仍能食用水果、蔬菜、乳制品、肉蛋类、零食、饮料、汤类和调味品等食品。航天员的食物要以有营养为前提，同时具有适用和方便的特点。因为宇航员需要在舱外作业，所以除了日常菜单食品，还有舱外活动食品和应急供应食品，以适用、营养和方便为标准。

一般来说，航天员只需固定好身体的某一部位，稍加小心，便能吃到漂浮在空中的食品以及用普通餐具（如匙和叉）从开口容器中获取的食物。只要一张口食品，即可入嘴。

而航天员睡眠则是在睡袋或卧厢中完成的。当然有时地面控制中心为了唤醒航天员，也会播放多种不同的音乐如摇滚乐、乡村音乐、古典音乐。

航天员仍需做梳头、剃须、刷牙、洗澡和上厕所等这样的一些日常生活。因为航天员头上的碎发会污染环境和侵害人体，所以他们只能互相理

在太空中，航天员们正在吃饭

发,还要用吸尘器清理干净。还有一件很特别的事,航天员需要用洗发水洗头,但不用水冲洗。

"海绵浴"这种洗澡方式是在太空特有的,因其只需要一块干布和两块海绵布而得其名。太多的水在失重条件易沾在皮肤上而难以流掉,所以很少的水便足够。尽管这样,美国还是在"天空实验室"拥有令人羡慕的淋浴设备。

航天员在太空用的是抽气马桶(需要自己固定好),但如果马桶边缘留有空隙,那么大小便就会漫天飞舞,此情此景该是多么令人尴尬。

⊙古今评说

不要以为航天员在太空外想走就走,他们的每一步都是经过了深思熟虑以及复杂而费时的准备后,才小心地迈出的,而且还不能走出划定的范围。为了防止座舱在航天员出舱时发生突然减压,航天员太空服的穿戴必须在气压过渡舱(又称气闸舱)内进行。航天员要想进行太空行走,需在穿戴完毕,等到气闸舱通往座舱的门关闭,通往太空的门才会打开。

航天员的太空服是其进行舱外活动时的"战袍"。特殊材料的材料构造使其具备了防热、防寒、防太空碎片、防宇宙尘、防辐射和提供氧气等强大的功能。如果航天员只需航天器周围附近行走,那么他可以用第一种舱外行走方式,即早期的通过"脐带"方式与乘员舱连接,然后靠载人航天器提供氧气、压力、冷却工质、电源和通讯。而第二种方式则可以使航天员可以到100米外活动,装在航天服背后的"背包"——便携式环境控制与生命保障装置以及载人机动装置。航天员通过手控器,控制其高压氮气从安装在不

从打开的气压过渡舱门出来的航天员

同部位的推力器喷出,从而改变飞行速度、方向和姿态。

由于在太空飞行的时间也变长了,长期与社会隔离,对航天员的心理承受能力造成了巨大的考验,与此同时,也不能忽视在长期的在轨飞行中,乘组内成员之间的性格差异、心理相容性、团队意识等方面问题,所以,提高航天员医学处理能力也是必须的。还好,多次升空的航天员聂海胜——"神舟十号"飞行乘组指令长表示,他完全相信我国航天员能够适应中长期在太空的工作和生活。

中国航天服

⊙ 拾遗钩沉

　　航天员通常需要在容易出现事故的飞行时段才穿上航天服,而在一般的飞行中可以不穿。航天员若在飞船座舱发生泄漏时穿上它,宇航服和通舱内与之配套的供氧、供气系统就会开始工作,服装内就会立即充压供气,并能提供一定的温度保障和通信功能。如若飞船座舱出现意外失压的情况,则可以通过启动舱内航天服救生系统,还能供应航天员6小时的生存所需。

　　中国的舱外航天服就如同一个强大而又全面的小卫星。出舱时,航天员会遇到面向太阳的一面是200多℃高温,而背对着太阳的一面是零下100℃以下的低温,简直就是冰火两重天。这就要求要有特殊的材料及防护层,具备

美国水星航天服的头盔、手套和鞋

防辐射、防紫外线、抗骤冷、骤热等功能。

　　航天员的头盔、手套和靴子也不一般。因为制成头盔盔壳的材料是聚碳酸酯，除了减震好，质量小，还能隔音、隔热和防碰撞。航天服专家为了防止航天员呼吸造成水汽凝结以及低温环境下头盔面窗上发生结雾、结霜的情况，也在头盔表面增加了特殊的气流和防雾涂层这两种设计。手套在充气加压后，与航天服相配套，更加便于活动，同时也增强了保暖性能。在太空失重情况下，看起来笨重的航天服是必不可少的，虽然笨重，但只要10分钟就能轻易穿好，穿上以后就可以完成很多任务了。

⊙史实链接

　　"神舟六号"航天服属于舱内服，顾名思义是在飞船内都使用的，造价大约为300万元。这套白色的航天服分成压力服、头盔、手套和靴子四部分。压力服是这套航天服的重头戏，它是在飞船座舱泄漏和气压突然变低时的"救生圈"，能够保护航天员的生命安全。它主要由内衣裤、保暖层、通风散热层、真空隔热层等构成。航天服的最外边是由一种高强度材料做成的限制层；中间则是一个能防止气体外泄的气密系统；当你看到一根根白色管道穿插在宇航服里面时，便知道这就是最里边的通风层了。这些管道平时靠流动的冷空气把热量带出体外，管道会在应急情况时换成通氧气，来维持航天员的呼吸。

　　而舱外航天服每套则需要3000万元左右，同时它的重量也高达120千克。制成"神舟七号"宇航员的舱外航天服的特殊材料——橡胶材料，在−120℃～120℃的温度内，都能保证高度的柔韧性，航天员捡

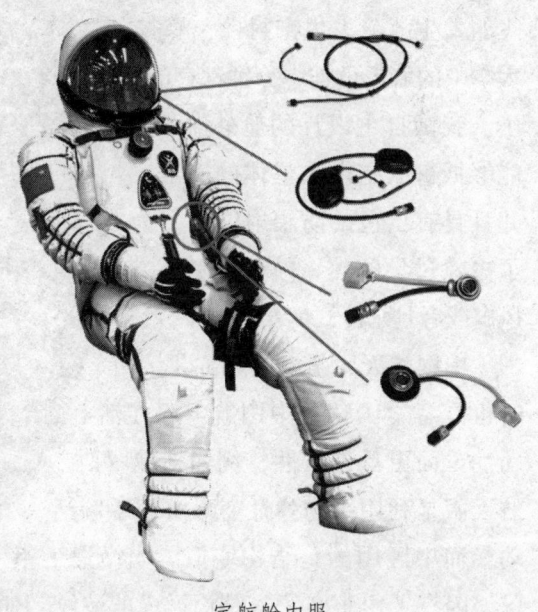

宇航舱内服

起一枚1分硬币，简直是轻而易举。不仅如此，它还是耐太空辐射以及防止宇宙漂浮颗粒物等侵害的好手！

舱外航天服将采取保险系数较高的脐带式。以"神舟七号"的脐带为例，由两根并为一根组成。通信电缆是"电脑带"的主要部分，同时也包括内部结实的钢缆，可以说这种集无线电通信与有线通讯备为一身的做法为航天员的通信提供了双层保险。为保障航天员的生命活动，则需要提供适当的大气压力、足够的氧气、适宜的温湿度，而这些都由舱外航天服负责的。同时，具备足够的强度，防止辐射、微流星和空间碎片等性能，保障航天员的人生安全和工作能力，还可提供可靠工效保障及遥测通信保障等。

⊙古今评说

可以说，航天服是航天员的救命神器，它是专家们为航天员设计的个人防护系统。想要"赤手空拳"在太空神游是绝不可能的，只要离开航天器到舱外活动，就意味着他们的生命交给了航天服。而且当飞船发生故障失去密封性，暴露在太空中的航天员连一分钟都存活不了。我国自主设计的舱外航天服能够抵御太空微流星体的撞击，并且具有出色的防辐射能力。为了去除过量的热，航天服里还有风扇或者是水冷式的布料。

中国航天服是个国际范儿，同时也具备本国特色中国航天服在活动性方面更具创新性，例如，俄罗斯航天服是利用织物弹性变形实现手腕活动，而中国用的是结构变形。当微摇下手腕，因有了由很多等容结构形成的波纹，便能

我国研制的太空服

实现灵活的晃动，因可以节约不少经费。除此以外，中国还持有独特的约束阻件的设计，这是一种能够用来调整人在航天舱中姿态的设计，人可以待在航天服里长达八个小时。

　　载人航天工程总设计师周建平指出，国产航天服穿戴舒服，性能卓越，还是太空行走的好帮手。因其具有良好的柔韧性，宇航员身穿航天服出舱后，拾起一枚硬币大小的物体也不在话下。现在，中国可以摆脱使用从俄罗斯进口的笨重的"海鹰"航天服，而是使用能够与美国不分上下的，由中国自行研制的"飞天"航天服了。

中国航天医学工程

○拾遗钩沉

失重（微重力）状态是指航天员在进入地球轨道之后，重力几乎完全消失的状态。因为失重对人体的生理系统影响很大，所以能否克服失重对人体的不利影响是载人航天能否实现的关键，于是，航天医学相应产生。航天医学作为医学中的一个新学科分支，主要是为了保证航天员在太空期间的健康。航天医学通过对各种影响航天员生理的因素来对症下药，解决宇航员的健康问题。

航天医学和医学工程构成了中国航天医学工程学科。这是一门医工结合、多学科交叉的综合性技术学科，它的形成和建立和载人航天任务以及航天领域的发展息息相关。航天医学工程学主要包括四个方面的内容：航天环境医学、重力生理学、航天细胞分子生物学等。20世纪90年代初我国开始载人航天的探索，但我国航天医学发展早在50年代末就开始了，而近10年来，我国航天医学随着载人航天工程而迎来了更高的发展。

中国航天医学工程所取得的巨大成就离不开中国载人航天事业的发展。我国航天医学工程取得的成就，其一体现在训练出一支优秀的中国航天员队伍；其二，航天员在执行飞行任务时的健康问题得到保障；其三，在航天食品、飞船环境控制与生命保障系统产品、航天特

航天医学环境实验

殊环境因素方面的模拟训练通过了空间飞行的考验；其四，中西医结合航天员健康保障的体系得到初步建立；其五，飞船环境的医学评价体系和满足医学要求的国家标准正式建立起来；其六，建立了拥有完全自主知识产权的医学细胞学空间实验技术体系。

⊙ 史实链接

　　"神舟五号"2003年首次载人航天飞行是航天医学工程学理论与技术经受的第一次实践考验，这次实践同时取得了工程化方面的突破。航天员选拔训练体系和航天员医监医保体系首次建立；飞船的适人性工程设计离不开航天环境医学与航天工效学所提供的重要科学依据。

　　航天医学工程学走向成熟的标志是2005年"神舟六号"实现"多人多天"飞行，轨道舱内科学实验环控生保工程中的微重力适应难题也随着

中国航天员在俄罗斯的选拔训练

"神舟六号"载人飞行得到解决；多人飞行乘组选拔的指标体系、标准和方法也由此创建；因为有了飞行乘组飞行前状态调整和综合保障技术，乘组训练合格率达到100%、零伤病率，飞行乘组也达到最佳临战状态。航天医学实验也在"神舟六号"飞行任务中开展起来，这标志着我国航天医学从地基研究到空间实验的一个重大转变。

　　2008年航天医学工程学在载人航天工程方面的重要作用主要表现在"神舟七号"航天员的出舱活动。

　　我国对载人航天发展的规划和21世纪世界载人航天的发展都聚焦在长期航天飞行、载人登月和火星探测上面。航天医学工程学在学科基础和技术储备上予以更有力的支持，它的进一步丰富和发展，将会有力地帮助我们实现

这些目标。

⊙古今评说

载人航天工程航天员系统总指挥兼总设计师陈善广同时也是中国航天员科研训练中心主任。他曾经指出，随着载人航天的实践与发展，中国航天医学工程已逐步形成一套系统较为完整、特色鲜明的科学理论体系和实践技术方法，这些成果包括从地基研究到空间实验的实现等六项重要进展。

航天工程航天员系统总指挥兼总设计师陈善广

陈善广总结下了中国航天医学工程的四个特色，一是航天员与工程系统间通过以航天员为核心，辅以技术方法，实现了两者的最佳匹配；其二是以医工融会贯通，在实践中，实现学科领域的渗透融合；三是个体对抗防护技术的发展，深刻认识人体在航天特殊环境因素作用下的变化规律，遵循系统生物学体系的辩证统一回归，统一结合宏观生理学效应与微观细胞分子本质机理而得以实现；四是保持着可持续发展的能力，储备创新技术的力量，为未来目标需求而前进。

航天医学工程的发展和进步，是我国载人航天任务的保障，为中华民族千年飞天梦的实现作出了巨大的贡献。

中国航天育种

⊙ 拾遗钩沉

20世纪60年代我国开始了航天育种，对农作物种子或微生物进行诱变，让普通的种子变成太空种子，回到地球后，精心挑选出优良的种子进行培育。种子的变化是在空间宇宙线、微重力、高真空、交变磁场等因素的空间环境下达到的。当今世界上中国是除美国和俄罗斯之外的能够开展这项技术的第三个国家。

1987年8月5日，第九颗返回式科学试验卫星搭载一批水稻和青椒等农作物开始了农作物种子的首次太空之旅。一开始科学家们抱着探索空间环境的心态进行了这次搭载之旅，却无心插柳搬地发现了农作物的变异，从而开始了航天育种之旅。

1987年以来我国利用返回式卫星进行了13次70多种农作物的空间搭载试验。值得一提的是，863计划的技术实施以来，在水稻、小麦、棉花、番茄、青椒和芝麻等作物上诱变培育出一系列优良的新品种和新品系获取罕见的突变材料。

⊙ 史实链接

1987年诞生了我国第一批"航天种子"。我国"航天育种"共搭载了800多个品种，包括粮食、经济作物、蔬菜、花卉、微生物菌株等。"神舟一号"搭载的是药物品种，比如灵芝、红花、柴胡、板蓝根、黄花等。"神舟四号"飞船搭载的是三种经济树种：美国红栌、杨树和红豆杉。"神舟九号"搭载了玉米、辣椒、茄子、番茄、刀豆等种子。接下来，我国除了继续搭载林木树种外还将引进俄罗斯和平空间站搭载的树种。

太空育种的成品

从1987年开始,我国利用返回式卫星和"神舟"宇宙飞船搭载的1 000多个实验品种中60%是与人们关系密切的粮食和蔬菜。水稻、小麦、高粱、青椒、番茄、黄瓜、丝瓜、胡萝卜、莴苣等占据主要的比例。经过太空育种培育出来的优良品种,比如太空椒,2000年以来,光是上海市的产量就达到了5万千克,而黑龙江省农业科学院作物所宝清实验站的"航天一号"的大豆良种增产也超过11%。

通过对"农原19号"金针菇菌种进行卫星搭载,获得了变异的食用菌种,这种菌种的出菇时间比先前提前了7~10天,产量提高了15%~25%。卫星搭载的莫能霉素菌种获得2株特大抑制菌圈的株系。通过培育太空茄子,太空菜葫芦等多种蔬菜获得的抗生菌种,其效价提高了2倍。经过卫星搭载NIKKO霉素产生菌还挑选出了效价提高13%~18%的抗生素,同时发现了NIKKO霉素X组中也有所提高的新菌株。

我国航天水稻亩产量节节攀高,前景一片光明。这种航天水稻颗粒饱满,所含的蛋白质含比普通水稻要高出8%~12%。更为突出的"优航一号"超级稻不仅产量高,米质优,在12项米质指标中,一级和二级规定的达标各有5项。

⊙古今评说

航天育种不仅变异率高,育种周期短,同时能创造新的基因资源,为新作物品种的培育奠定基础。

快速培育农作物优良品种的重要方法之一是航天育种,这种方法不仅在生产中发挥作用,也为粮食综合生产能力和农产品市场竞争力方面提供技术支持。利用航天诱变技术进行农作物育种一方面可提高育种质量,另一方面加快了育种步伐,对探索具有中国特色的新兴育种研究领域意义重大。此外，我国利用航天技术选育适合荒漠地区生长的草种，以遏制沙漠化，保持水土，进一步改善环境，发展畜牧业，从而改善人民的生活水平对区域可持续发展影响深远。

太空育种这一选育良种新手段的经济效益和社会效益巨大，太空育种也是在利用太空极其丰富，多种多样资源的一次成功尝试。人类的生存、生产活动在科学技术和国民经济的推动下不断的拓宽从陆地、海洋、大气层进入地球轨道空间到外层空间，与此同时对太空环境也在适应、研究、认识、利用和开发。不得不说，这在人类文明史上是一次伟大的飞跃。

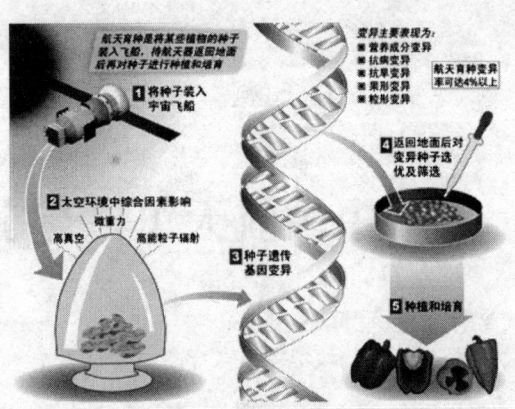

航天育种过程示意图

中国航天飞机与宇宙飞船之争

○拾遗钩沉

美国首位登月的航天员阿姆斯特朗

发展载人航天是世界航天发展的大势所趋。早在1969年7月,美国航天员阿姆斯特朗率先登上月球,1971年4月,苏联成为第一个发射了载人空间站的国家。中国航天究竟是走飞船的道路还是走航天飞机的道路,在我国发展载人航天的探索过程中曾广泛地争论过。

航天飞机是一种依靠火箭作为动力升入太空,在轨道上运行的垂直起飞、水平降落的载人航天器。它具有能够往返地球表面和近地轨道的特点。世界不少国家都对航天飞机的发射进行过开发,但只有美国与苏联真正成功发射过。

我国对于发展载人航天有过广泛的争论,采纳当时的主流意见,我国也开始了航天飞机的研制。

80年代中期我国提出了航天飞机研制计划,即中国921载人航天工程中的"长城一号"航天飞机方案,计划方案中航天飞机自带火箭发动机,采用无垂尾布局。这个构想产生的的天军战略最早要追溯到隶属于863计划中的一个编号204的航天项目中,这是一个从宇宙飞船到航天飞机的渐进构想。

美国在实现载人登月之后选择了研发可重复使用的航天飞机而不是飞船。美国在航天飞机上取得的成功导致了当时国内主流意见是研发航天飞机项目而不是宇宙飞船。1992年，持续了3年的争论终于尘埃落定。中国载人航天计划工程正式制定，提出了围绕空间站进行研制和运行的载人航天系统。计划中天地往返系统被确定为宇宙飞船，也就是后来的"神舟"系列宇宙飞船。

"长城一号"航天飞机方案

⊙ **史实链接**

"863计划"国家高技术研究发展计划于1986年启动开辟了中国载人航天的道路，国家高技术有七大领域，航天技术属于第二领域。航天技术的两大主题：大型运载火箭及天地往返运输系统、载人空间站系统及其应用都和载人航天密切关联。

1987年，对中国发展载人航天技术的总体方案和具体途径的问题，国防科学技术工业委员会组建了"863计划航天技术专家委员会"和主题项目专家组，进行全面的论证，60多家科研单位参加了这场大论证，包括航天部、国防科学技术工业委员会等。同年4月，招标通知《关于大型运载火箭及天地往返运输系统的概念研究和可行性论证》由专家组下发。

短短两个月时间里，11种竞技方案相竞提出。在筛选出

中国的大型运载火箭

五、中国航天科学

的各组方案里，只有一种是飞船方案，其他的都是航天飞机方案。1988年7月，在哈尔滨的评议会上，小型航天飞机方案和飞船方案从选取出来的5种方案（也被称为为"五朵金花"）中再次胜出。围绕这两个方案，也由此开始了长达3年的争论。

1989年，在航空航天工业部（1988年航天部与航空部合并后组建）的组织下召开飞船与小型航天飞机的比较论证会，航空航天部内部达成共识：中国载人航天事业，从载人飞船起步。

⊙古今评说

中国该走飞船道路还是航天飞机道路，当初分歧较大。支持飞船道路的认为，载人飞船除了搭乘宇航员，向空间站运输物资，还能充当空间站轨道救生艇，在费用上更符合中国当时的国情。飞船在安全方面优势显著：一是结构相对简单，二是空气动力控制不会复杂，三是没有着陆机构及相关装置。飞船具有生产成本低和生产周期短的特点。航天飞机的造价、维修费用、发射场建设，不仅价格昂贵，更重要的是中国当时连支线飞机都造不了，更别提生产航天飞机了。

支持航天飞机方案的则认为，航天飞机结合了火箭的垂直发射，卫星的太空轨道绕地飞行、飞机的大气层滑翔着陆与一身。航天飞机符合国际航天发展的潮流，经济上它可多次重复使用，从技术发展层面看也不像飞船一样容易被淘汰。

而且，美国航天飞机多次发生机毁人亡事故的教训也是深刻的。争论的结果还是决定采用经济上比较节

准备发射的航天飞船

省，技术上比较成熟的飞船方案。

太空站和载人飞船的研发属于大国策，需要一定人力、物力的较大投资。而另一方面，在太空站和载人飞船方面，当科技成果转化为生产力时回报丰厚，同时在在技术、军事、政治、经济方面也意义重大。